U0858577

中国电力工程建筑集锦 1998—2008

Architecture Collection of Power Projects in China

主　编　张珩生

副主编　刘壮炎　薛淑清

中国电力出版社
www.cepp.com.cn

本书收集、展现了十年来电力工业具有代表性的建筑作品，反映了电力建筑创作的繁荣和水平。

本集锦臻选了42个燃煤发电厂建筑，22个燃机及新能源电厂建筑，23个输变电工程建筑和10幅特种构筑物画面。这些建筑作品产生于我国电力工业日新月异的发展年代，体现了现代电力企业的生命活力。这些鲜活个性的建筑形象为今后电力建筑创新提供了参考，对电力工程新项目建设具有一定的引导效果，对新技术、新理念、新产品的开发和发展也有一定的作用。

本书可供电力行业土建建筑设计、施工、投资建设人员借鉴参考，也可供广大建筑专业人员和高校学生参考，并可供电力系统各级同仁收藏和赏析！

图书在版编目（CIP）数据

中国电力工程建筑集锦：1998~2008/张珩生主编.—北京：中国电力出版社，2010
ISBN 978-7-5083-9827-3

Ⅰ.①中… Ⅱ.①张… Ⅲ.①电力工程：建筑工程－中国－1998~2008－图集 Ⅳ.①TU271.1-64

中国版本图书馆CIP数据核字（2009）第223356号

中国电力出版社出版发行
北京三里河路6号 100044 http://www.cepp.com.cn
策划编辑：周娟华 责任印制：陈焊彬 责任校对：李亚
北京盛通印刷股份有限公司印刷・各地新华书店经售
2010年4月第1版・第1次印刷
889mm×1194mm 1/16・13.5印张・416千字
定价：198.00元

编委会名单

主编单位：中国电机工程学会电力土建专业委员会

主　　编：张珩生

副 主 编：刘壮炎　薛淑清

主　　审：马　绅

编　　委：（按姓氏笔画排序）

马　绅　刘壮炎　张珩生　郑润清　罗振宇

咸海生　高　元　徐文明　徐　飚　敖凌云

黄继前　薛淑清

序 言

李道增
清华大学建筑学院 教授 博士导师
中国工程院院士
国家一级注册建筑师

中国正在从事世界上最大规模的工程建设。改革开放30年来，作为我国重要基础工业，电力建设的成就和规模举世瞩目。目前我国电力装机总量和年发电量已居世界第二位，包括世界最高电压等级的1000kV特高压在内的输变电工程遍布全国，包括世界最高参数等级的1000MW超超临界大型发电机组的发电厂建设规模和速度令世界惊讶。尤其让我这个建筑学教授高兴的是，与其相应的电力工程建筑创作也乘势发展，涌现出一大批优秀的建筑作品，充分展示了电力工业前进的步伐，展现了崛起的中国时代的工业建筑时代特征，形成了电力工业战线上建筑师的特有语言，体现了中国优秀文化和现代文化在现代工业建筑中的和谐和融合。

众所周知，电力工程特别是发电厂，是较典型的工业建筑群，资金密集且设计具有一定挑战性，其特点是：占地广，动辄数十公顷且需统一规划专用铁路、码头、厂内各区；尺度大，厂区内超过百米高的建构筑物比比皆是；建筑种类多，从办公建筑到厂房建筑尽其所有；工艺约束强，各类管道电缆布满车间、地下、空中；重大设备多，汽机厂房长度超过五六百米亦属常见。但是，挑战的另一面是给建筑师提供了展示现代工业时代和现代工业建筑的丰富素材和独占的创作空间。电力行业的建筑师成功地展示了他们的才华，向我们的时代、向我们的同行交出了他们的答卷。据了解，中国电机工程学会电力土建专委会在2004年和2006年曾分别与国内大型电力集团联合举办过“发电厂建筑形象设计方案竞赛”，有力地促进了电力建筑设计的发展。今天又与中国电力出版社有限公司合作，编辑出版《中国电力工程建筑集锦（1998～2008）》。这本集锦是电力土建专委会通过向国内各会员单位征集自1998年以来竣工或开建的发变电工程建筑图片的基础上选编的，是过去十年电力建筑成果的真实记录，是遍布大江南北，反映我国电力工业过去十年高歌猛进的一个个凝固的音符。

这是一册看了令人高兴的集锦。相信电力行业的建筑师会从中体会到成绩和喜悦，也会看到继续努力的方向；电力行业的广大科技工作者和企业负责人看了会对电力建筑的关注更强烈，因为建筑具有鲜明的文化特征，中国的企业发展到二十一世纪，已不再是单纯的经济体，在科学发展观指导下大家正在把经济与对企业文化的追求结为一体；建筑设计的各行业同行们高兴见到这一集锦，因为可以互相学习，互相激励。

衷心祝愿电力建筑设计更加繁荣。让工业建筑设计的花朵伴随中国工业化的伟大时代开得姹紫嫣红，以呼应、回报、展示、推进我们中华民族复兴的新时代。

李道增

200九年三月三十一日

科學发展創新路
電力先行惠万家

热烈祝贺电力土建专委会
2007年《创新·科学·发展》
学术会议召开

马国馨
07.9.11

中国工程院院士马国馨题词

编者的话

为总结近十年来的工程经验和提供业内交流观摩的平台，电力土建委员会建筑分专委会2008年5月向全体会员单位发出了关于《中国电力工程建筑集锦（1998—2008）》征集作品的通知。这得到了电力系统的设计院、电建公司、发电公司、供电公司、建设单位（业主）和建筑师的响应和支持，送来很多优秀的建筑作品、工程实景照片。2008年12月建筑分专委会成立了12人组成的编委会，编委会对征集来的900多张图片、工程资料，从建筑学的专业视角予以评审，重点放在近十年的电力工程，从建筑的时代特征、文化特征和电力工业特征着眼，遴选了一批编委会认为较具有代表性的燃煤和新型能源发电工程、变电站工程和一些有特点的单体电力工程，经进一步丰富、编辑，作为该集锦展示的作品。

这本集锦涵盖了燃煤发电厂建筑、燃机及新能源电厂建筑、输变电工程和特种构筑物四大部分。

42个燃煤发电厂建筑展示了海滨与内陆、江边与山区电厂的不同环境下的不同建筑风格。比如上海外高桥发电厂Ⅰ、Ⅱ、Ⅲ期扩建的建筑显示了现代工业建筑的挺拔雄姿；湖北荆门发电厂将主厂房建筑构成“工业轴承”的理念让人们耳目一新；新疆红雁池电厂运用“火红”的激情点缀了西部荒漠；蓝色的广西防城港发电厂与北部湾的海水相映交辉；宁夏石嘴山发电厂反映了“2000年示范电厂”的建设特征。通过建筑独特的语言、符号、元素，在中国广袤大地上分布的丰富多彩的发电厂，烘托出当代中国电力建筑的文化特色。

22个燃机及新能源电厂建筑渗透出21世纪的时代精神。蓬勃发展的风力发电、垃圾焚烧发电、沼气和秸秆发电、地热发电建筑形式和色彩深刻地记录了落实科学发展观的印迹。北京太阳宫燃机电厂具有的北京传统建筑特色，诠释了与文化古城零距离对话的建筑理念，而江苏张家港联合循环发电厂似有江南水乡般的发电环境。从广东大亚湾及岭澳核电厂的现代企业到西藏羊八井地热发电厂高原厂房、从内蒙古辉腾锡勒风电厂的蒙古包到大庆瑞好风电厂半地下的发电生产建筑，体现出发电厂建筑跨越时间、跨越空间的辉煌和玄妙。以人为本、科学环保的大手笔书写着发电工业建筑新篇章。

23个输变电工程收录了城市地下变电站、地区枢纽变电工程，建筑风格个性而时尚，突显人文环保理念。1000kV特高压输电塔架、500kV江阴和舟山大跨越工程是当今世界工程科技的代表，建筑人把这些刚劲有力、恢宏庞大的输电钢结构作为时代的骄傲，架立在祖国大地。

10幅特种构筑物画面，让我们知道在新技术日新月异的发展中，工业构筑物的特殊建筑元素和符号的创新，刻记着电力战线上建筑专业工作者多年来的追求卓越和探索的足迹。

我们编辑这本集锦，期望能给电力工程建设者们提供参阅的方便。本书使用的图片、资料来源于数不清的同仁的热情提供，有的一张图片就由数个单位共同组织多人反复拍摄，因此难以一一署名，在这里我们深深感谢为这本集锦选送建筑作品、工程实景照片的各位同仁，深深感谢对这本集锦成稿出版提供帮助的各位朋友。

编委会

目录

三 输变电工程

四 特种构筑物

1998—2008

一　燃煤发电厂

上海外高桥发电厂

建设规模：4X300MW燃煤机组
+（2X900MW +2X1000MW）超超临界燃煤机组

开工/竣工：1992.10/2008.3

设计单位：华东电力设计院

施工单位：上海电力建设有限公司

建设单位：上海外高桥第一 、二、三发电厂有限责任公司

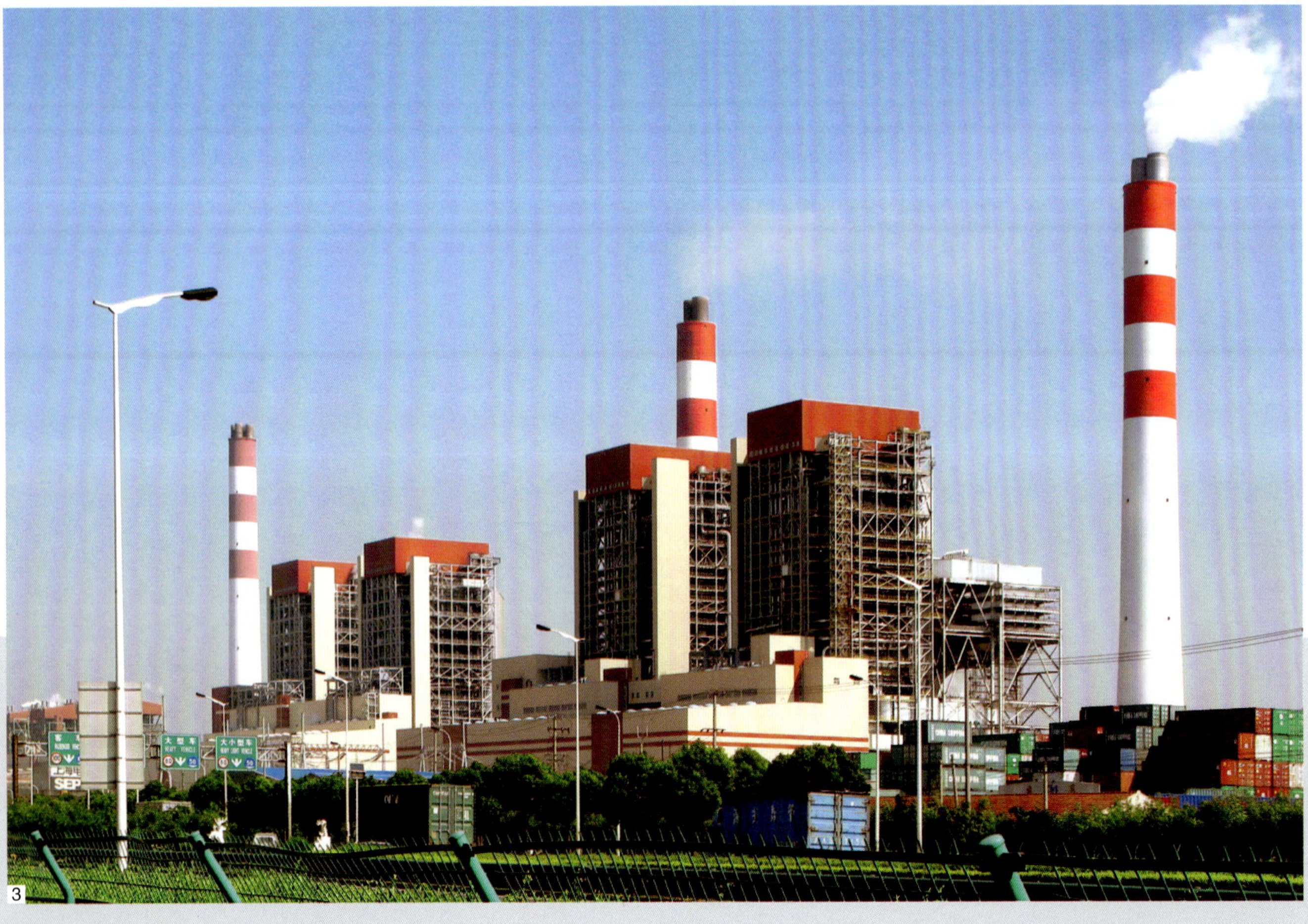

1 电厂一期远眺
2 电厂一、二期
3 全厂远眺
4 二期厂前区鸟瞰
5 二期大门主入口
6 三期厂房与大门

4

外高桥发电厂位于上海浦东新区外交桥长江岸边，紧邻外高桥保税区，由一、二、三期工程组成。

厂区锅炉高耸向上，竖直的电梯间将这一感觉强调得更加突出，在汽机房横向舒展衬托下，锅炉更显伟岸挺拔，二者对比给人以强烈视觉冲击。锅炉、汽机房尺度虽大，但锅炉的高宽比，与汽机房高度比均体现经典美比例，构成和谐、俊美的画卷。锅炉的钢架、管道全部外露，充分展示现代工业美，锅炉顶部的建筑处理虽着墨不多，但恰到好处地起到了把锅炉、汽机房等建（构）筑物构成统一整体的作用。

全厂色彩由一期主厂房的杏黄色与秋红色为基调延伸。

电厂一期主厂房设计采用横向色带和竖向色块的构成形式，四角为圆弧形。主厂房与厂前区成30度夹角，形成良好的视角。二期及三期主厂房沿用一期主厂房设计构成手法，运用色块（带）及组合条型窗的开窗形式，及三段式方式进行立面处理，自下而上依次为米白色砖墙面砖基座，杏黄色为主调的大面积压型钢板与横贯主厂房的秋红色色带，这样增加了大体量主厂房的稳重感，其间穿插秋红色竖向块体，营造一种韵律感，强调了主厂房建筑稳重又不失活泼的性格，使之更能体现现代化厂房的蓬勃朝气。检修场地入口两旁深色的竖向块体采用秋红色横纹压型钢板作为整个主厂房的视觉中心，突出重点且淡化两侧通风百叶与次要出入口，使得主厂房更具整体性。

全厂建筑通过相同手法的处理，使三期建设和谐统一。在色彩处理上，生产建筑色彩均为杏黄、秋红、米白三种较为柔和的基本色调，厂前办公楼等建筑采用灰白色的对比色，与主厂房在色彩上产生了冷暖色的对比，取得了良好的外观效果。厂前区不大的景观绿地进行细化处理，二期厂前区办公楼为弧形，与圆形水池形成呼应，并与多功能会议厅等围合出凹形内院，形成安静的工作、休息空间，并利用地下车库顶板的抬高，既降低了地下车库的造价、缩短出入坡道长度，还使景观绿地得以在高度上有了变化，为建筑增色不少。

5

6

1

2

3

4

1 景观绿地
2 办公楼
3 外二主厂房局部构架
4 办公楼门前水池
5 电厂行政办公楼
6 多功能厅
7 三期办公楼门厅
8 办公楼共享大厅

浙江国华宁海发电厂

建设规模：一期4X600MW燃煤机组
二期2X1000MW燃煤机组
开工/竣工：2004.6/2006.3（一期）
2006.12/2009.6（二期）
设计单位：浙江省电力设计院/西南电力设计院
施工单位：浙江火电建设公司、天津电力建设公司、
浙江省建工集团有限公司、浙江省第二建设公司
建设单位：浙江国华浙能发电有限公司

1 全厂效果图
2 主厂房局部
3 建设中的主厂房
4 转运站及栈桥
5 一期主厂房

宁海电厂背山面海，主厂房区位于开山形成的场地，山体边坡高达百余米，为达到环保型电厂的目标，采用边坡覆绿的方式，使电厂依托的环境更为自然优美。

1

一期主厂房采用压型钢板围护，主色调为浅灰、深灰色系，端庄大气，局部采用柠檬黄色钢板点缀，增添活力。A列外的GIS室及继电器楼压型钢板色块依黄金分割比例，与主厂房遥相呼应。输煤系统的栈桥大部分采用压型钢板外围护，窗台以上为灰白色，以下为蓝灰色，连续的斜上走势使得其颇具韵律感；贮煤仓为圆形煤仓，造型优美。

2

3

4

5

1

2

3

1 集控室
2 集控室过厅
3 集控室过廊
4 集控室过厅平面示意
5 主厂房与辅助建筑
6 建筑一角
7 办公楼门廊
8 厂内标识
9 服务楼
10 内院

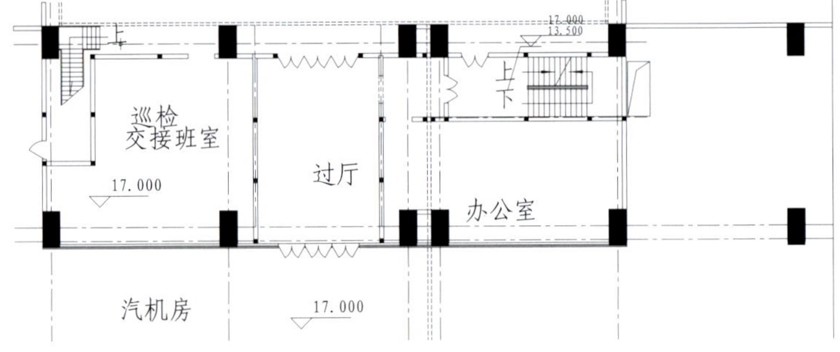

17.000m(运转层)平面图

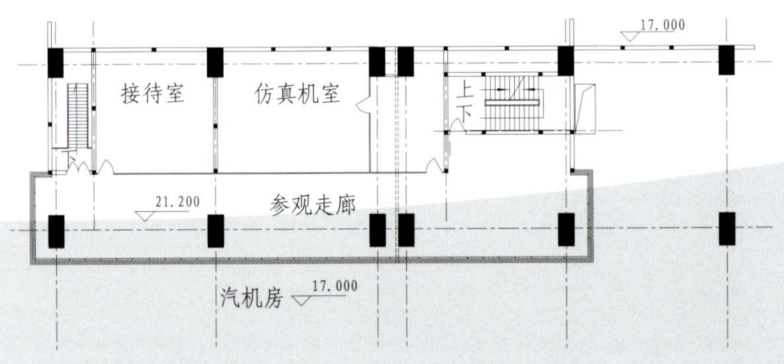

除氧间层平面 21.200m

4

5

6

生产、辅助建筑基本采用涂料饰面，以灰白色为基调，辅以蓝灰色带或色块，厂前建筑辅以精致的绿化小品，提升了厂区可观赏的格调。

二期工程为2X1000MW超超临界凝汽式燃煤机组。厂区布置充分利用已有场地，实现零征地。并与一期工程紧密结合，厂区形成完整的有机整体。

二期主厂房钢筋混凝土结构，压型钢板维护，色彩处理同一期厂房，使全厂浑为一体。为了充分利用内部空间，固定端第一跨内设有办公室，并利用除氧煤仓间运转层两炉空间设置了进集控楼的过厅，过厅上方设仿真机室和参观走廊，可观察汽机房全景。

由于场地的原因，厂前建筑与生产建筑存在一段距离，使厂前建筑形成单独区域。

厂前建筑群布置在进厂大道的两侧，一侧为办公楼与贵宾楼，另一侧为三幢排列有序造型一致的值班宿舍和招待所及食堂，路边点缀浅水池等小品和绿化。厂前建筑富有韵律又有空间变化，景随前移、色彩斑斓、颇有创意。办公楼大门处能见到镶有玻璃的空廊、中庭，中庭上方为加活动百叶的玻璃天棚，中庭内为小品及庭院的布置方式，为办公场地创造了宁静、优雅的内部景观。

7 8 9 10

福建漳州后石发电厂

建设规模：6X600MW燃煤机组

开工/竣工：1997.8/2004.7

设计单位：西南电力设计院、福建省电力勘测设计院

施工单位：东北电建一、二公司、山东电建一公司、中国建筑二局、三局

建设单位：华阳电业有限公司

电厂航拍全景

本工程为滨海环保型燃煤电站，建在东海边浅丘地带。结合地形和沿海边输煤系统的布置，特别注意了海面方向的景观。五个直径120m的圆形封闭煤场与逶迤起伏的输煤栈桥和高耸的烟囱形成起伏错落的构图。全厂以白色为主调，点缀少量的暖色，在深蓝色海水烘托下，山体作背景，构成一幅富有立体感，既醒目又和谐的画卷。

1 远景
2 主厂房
3 值班楼

主厂房形体方正简洁，压型钢板上采用竖向采光板，强调几何形体的块面，较之常规的水平带形窗是一次创新的尝试，并丰富了立面效果。

厂前建筑极其精简，以值班楼为最大体量建筑。为适应当地多雨湿热的气候，采取半敞开楼梯间，采用闽南建筑色彩突出地方风格。

1

2

3

国电荆门热电厂

建设规模：2X600MW燃煤机组
开工/竣工：2004.9/2006.12
设计单位：中南电力设计院
施工单位：中建三局一公司；葛洲坝集团五公司
建设单位：中国国电集团公司长源荆门发电有限公司

1 固定端圆弧形的机器造型
2 主厂房效果图

国电荆门热电厂的设计采用“国电集团新形象电厂设计竞赛”一等奖方案，方案打破了以往常规电厂厂房外形的设计方式，丰富了全厂的视觉效果，以“轴承”、“管道”等作为全厂的主题符号，采用常规压型钢板外墙及阳光板构成主厂房及联络栈桥流线型的机器造型，使其成为电厂造型中的亮点，极具标志性和现代气息。

主厂房通过采用在框架上增加钢结构部分，完成固定端、汽机房、煤仓间的立面“工业轴承”造型。外墙采用银灰色单层压型钢板，煤仓间及固定端内凹部分采用蓝色单层压型钢板。固定端向外伸出2m，煤仓间顶层根据造型需要，设有4个半圆体，高度为55.3m。除氧间及汽机房增加部分只设两层，0.000m及6.900m。B~C之间为主厂房主入口，B~2/A轴之间汽机房部分布置主厂房卫生间、盥洗室。

1 汽机房A列看全景
2 主厂房夜景
3 办公楼
4 汽机运转层
5 控制室
6 烟囱点缀国电标识

3

4

汽机房A排封闭母线外露，封闭母线的色彩与主厂房墙板统一。

锅炉炉顶配合主厂房立面造型，采用圆弧形，色调与厂房统一。锅炉本体采用国电蓝色，炉架及栏杆采用银灰色。

主厂房门窗（包括暖通进风百叶）、暖通屋顶通风器等建筑构件、外露设备均采用国电蓝色，相应的其他附属、辅助建筑窗户亦与之协调，采用蓝色塑钢窗。

烟囱涂料色调与主厂房协调一致，采用蓝色色带，顶部点缀国电标志，与蓝天白云融为一体。

干煤棚设置蓝色阳光板采光带。

转运站在墙体造型上作细部调整，与输煤栈桥相连墙面的女儿墙也采用圆弧造型，栈桥下部转运站墙面采用蓝色色块。

转运站女儿墙在与栈桥相接的一面，做成1/4圆弧状，是“轴承”、等母体符号的再现。

输煤栈桥顶部采用圆弧造型，色彩采用银灰色。顶部设采光带，侧面设百叶通风窗，墙、顶相接部位采用圆弧状，象征着工业管道，与转运站形成完整的统一体。

附属和辅助建筑在满足使用功能的前提下总体布置紧扣电厂生产工艺的要求，并让主厂房立面设计中的“轴承”、“管道”、“螺栓”等母题符号重复运用，使全厂建筑物风格协调统一，附属厂房外观设计在满足工艺需要的前提下，展示结构构件的形式美，以避免为了造型而造成空间和造价上的浪费。

5

6

宁夏石嘴山发电厂

建设规模：4X330MW燃煤机组

开工/竣工：2001.2/2002.9

设计单位：西北电力设计院

施工单位：山东电建一公司、宁夏电力建安公司
宁夏二建集团

建设单位：国电石嘴山发电有限责任公司

1

1 电厂远景
2 主厂房局部

本工程把2000年示范电厂节约投资、提高效率思想贯彻到建筑设计的每一个环节。建筑平面功能布置充分利用边角空间，以提高建筑布置的平面利用系数，合理减小各厂房的占地面积和建筑体积，布局紧凑，节约用地。在满足各种必备功能的前提下，取消厂前区，采用联合建筑布置。仅设生产综合楼联合建筑，集生产与行政功能为一体。

由于示范电厂采用模块化布置，主厂房区建筑体块较常规电厂多，各模块色彩处理采用上下分区的方式，汽机房运转层以下为驼红色色块，运转层以上为灰白色色块，锅炉封闭也采用同样色彩上下区分，使得大体量色彩对比强烈，把众多体块的建筑群体有机地组成一个整体，体现了示范电厂的宏伟壮观和时代感。

建筑平面布局紧凑，在不影响建筑使用功能的前提下，尽量设法留出一定的绿化面积，创造一个室内空间与周围环境有机结合的工作环境，提升建筑的环境质量。在空间序列的处理上，强调建筑与自然环境的结合，寻求视觉上的变化趣味。整体造型和色彩注重了和北方地区特点相结合，力求简洁粗犷和大气磅礴，使建筑与周围的环境有机成为一体。本工程在节约投资和保证建筑环境质量两方面找到了较好的平衡点。

1 入口大门
2 集控室
3 主厂房全景

国电庄河发电厂

建设规模：本期建设2X600MW超临界燃煤机组

开工/竣工：2005.6/2007.8

设计单位：东北电力设计院

施工单位：山西电建一公司、东电一公司、东电四公司

建设单位：国电庄河发电有限公司

1 远眺电厂全景
2 鸟瞰厂前

国电庄河发电厂建设地点为辽宁省庄河市，主厂房南侧为蔚蓝色的大海，周边为丘陵地带，远处一望无边农田。全厂建筑设计以蓝色和白色作为主色调，以现代简约的设计语言营造多视角的全厂建筑效果。

1 主厂房
2 厂前近景
3 办公楼与标识
4 主控室

全厂建筑设计分为厂前建筑区域、主厂房区域、辅助生产区域。厂外布置了电厂宾馆、倒班宿舍、职工食堂。厂内以办公楼为核心，东侧检修楼，形成厂前广场，厂前建筑的设计采用简洁、时尚的现代建筑手法，根据建筑的使用性质分别采用了干挂石材、外墙彩色涂料作为外装修材料。主厂房为全厂最高大建筑物，采用蓝白色色彩组合，其他的生产建筑物采用白色涂料、蓝色色带的处理手法达到全厂建筑的统一，构成全厂建筑物明快、清新的视觉效果。

3

4

内蒙古上都发电厂

建设规模：8X600MW国产空冷亚临界燃煤机组

开工/竣工：2003/一期、二期已建成投产，三期正在建设中

设计单位：华北电力设计院

施工单位：内蒙古电力建设公司

建设单位：内蒙古电力集团公司

1

1 大门入口
2 电厂全景
3 办公楼主立面
4 厂前生活楼
5 全厂效果图

2

3

4

电厂位于内蒙古中部正蓝旗，属中温带半干旱大陆性季风气候，属严寒地区。厂房设计时考虑到保温、防风沙的需求，主厂房采用了全封闭的建筑形式。

正蓝旗历史悠久，元朝曾设都城，是我国历史上的草原名城。电厂建筑造型有机地反映出使用功能的特性及环境的特征，表现出对历史文脉的继承，并赋有草原电厂的现代风格。

5

1 汽机房运转层
2 空冷平台一侧

上都发电厂主厂房前布置有空冷平台，主厂房建筑设计中综合了主体工艺的构成及当地的人文、自然环境，将草原文化、蒙古文化的元素融入到建筑设计之中。立面以白色为主调，局部加蓝、红色带；建筑物和工艺设备统一协调，使厂区形成一个完美的建筑群体。入口大门的造型如同蒙古营地飘扬的彩旗，与厂房红蓝色带遥相呼应，在草地、湖水的映衬下营造出草原现代电厂的浓厚氛围。

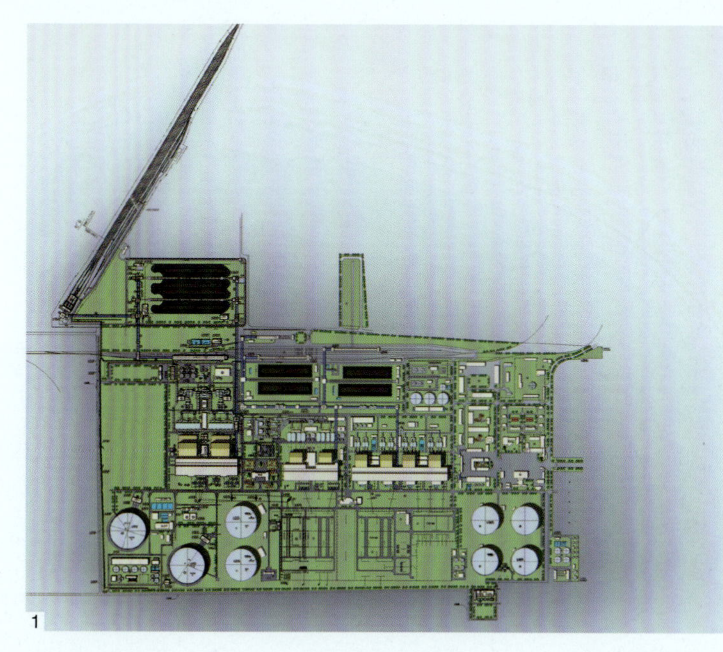

华电国际邹县发电厂

建设规模：2X1000MW燃煤机组（四期）

开工/竣工：2005.4/2007.7

设计单位：西北电力设计院

山东电力工程咨询院有限公司

施工单位：山东电建一、三公司、西北电建四公司

建设单位：华电国际电力股份有限公司

1 电厂总平面

2 电厂远景

1

1 厂房夜景
2 电厂全景
3 电厂俱乐部
4 汽机房运转层室内

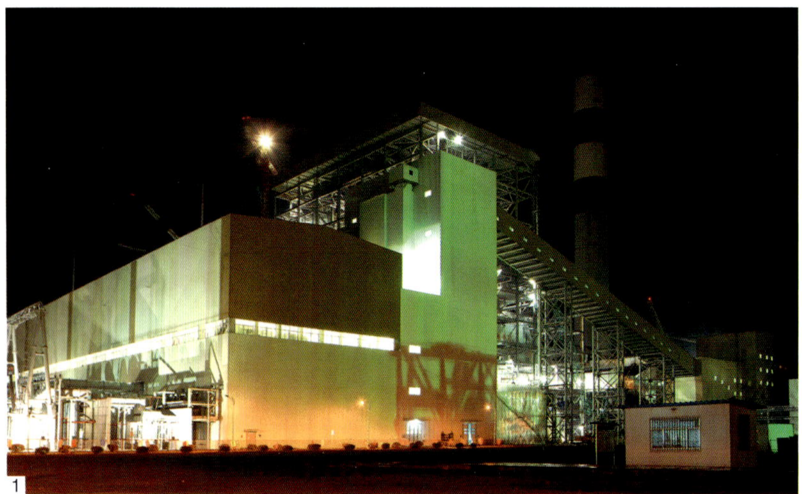

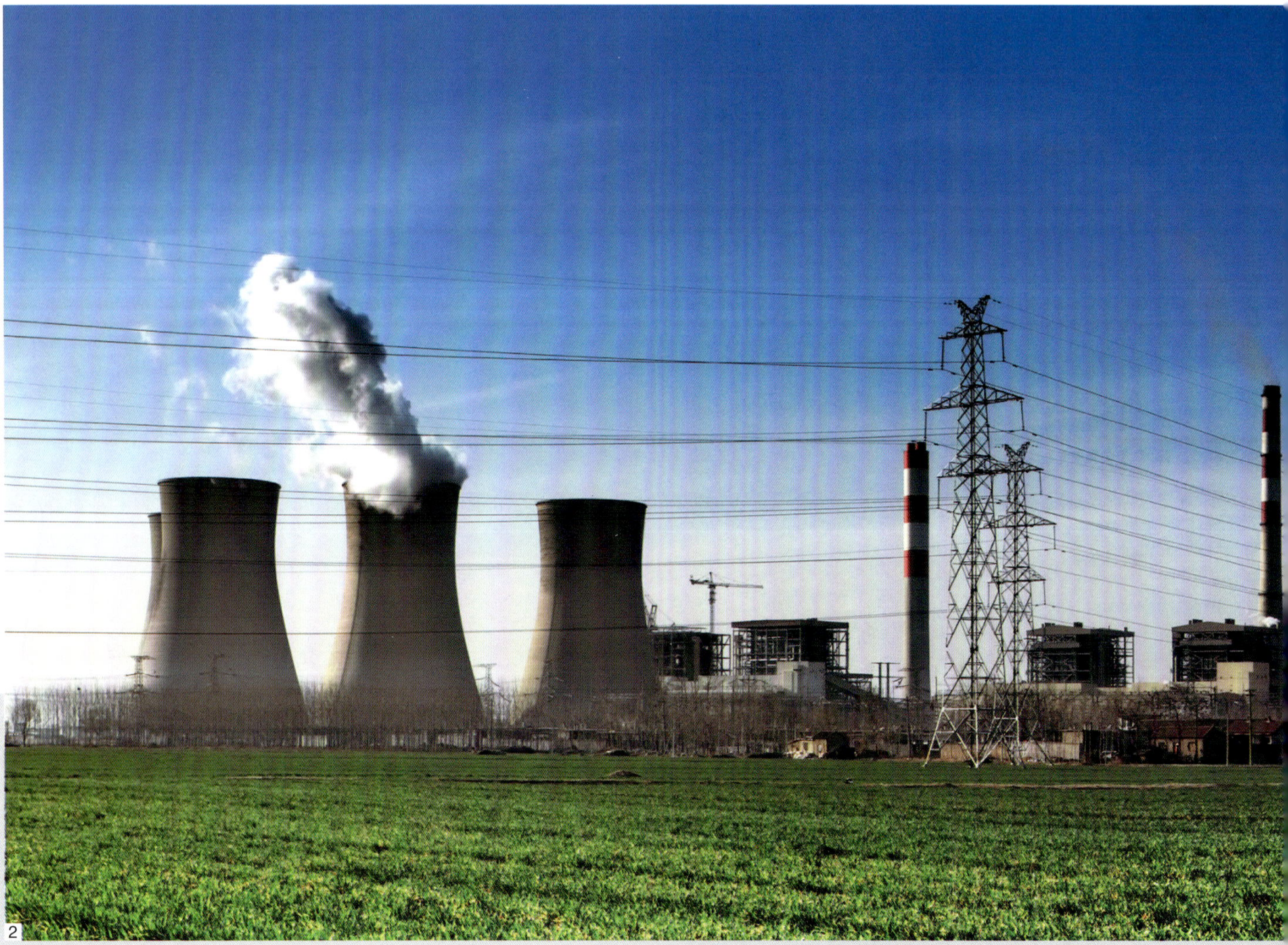

2

邹县电厂四期工程属扩建工程，建筑设计成功地在风格、色彩、造型上做到了与原一、二、三期厂房变化中的协调和统一。

全厂建筑色彩规划以主厂房为重心，按照建筑物的重要程度和他们所处的区域进行规划。整个厂区的色彩规划避免单一色彩的呆板局面，做到区域明显、重点突出。整个厂区以珍珠白色为主基调，浅驼色为点缀，在汽机房主立面运转层以上采用了竖向色带，在汽机房山墙运转层以上采用了大面积的色块，取得了良好的视觉效果。

3

4

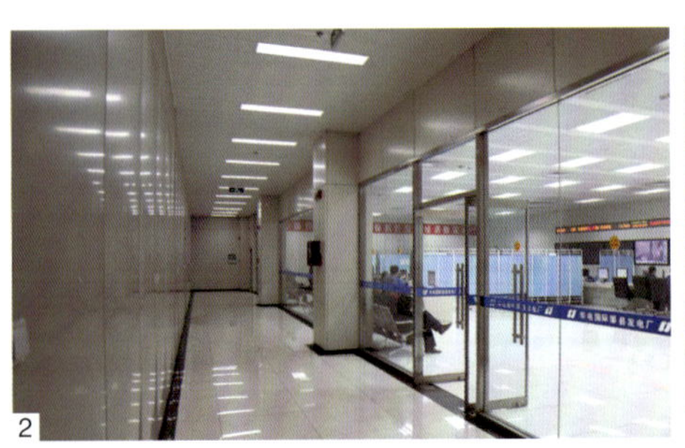

1 全厂鸟瞰图
2 集控室参观走廊
3 主厂房固定端
4 生活区绿化、水景
5 生活区绿化、小品

华能玉环发电厂

建设规模：4X1000MW超超临界燃煤机组

开工/竣工：2004.6/2007.11

设计单位：华东电力设计院

施工单位：浙江火电建筑公司、天津电力建筑公司

建设单位：华能国际电力股份有限公司

1 电厂夜景

2 电厂远景

3 主厂房外景

电厂位于浙江玉环，厂区三面环山，一面临海。建筑构思充分利用地理环境的优势，使其与碧水青山相依，绿影相随。建筑以灰色为基调，在建筑设计中采用轻化、分节化等手法进行视觉处理，运用色带及色块、墙面的凹凸、开窗形式对比与组合，使其产生独特的韵律感，既突出重点，又形成具有整体规划感的厂区。

集控室采用四机一控，并将控制室从传统意义上的集中控制楼中剥离开来，集中布置在主厂房固定端，与生产办公楼合为一体。集控室及生产办公楼采用椭圆形的平面布置，共六层，与主厂房形成了形态上的对比。集控室是全厂生产控制的中心，设置在同主厂房运转层同一标高层，控制室与主厂房之间布置工程师室、会议室，利用大面积的玻璃隔断形成景观控制室。会议室与汽机房隔墙处设计成大面积防火玻璃（加防火卷帘），工作人员在集控室内可观察到主厂房运转层内的状况。

主厂房主体色为“晨灰色”，搭配“海蓝色”，局部点缀“象牙白色”，清新优雅的色彩，与优美的自然环境融为一体。全厂建筑服从于主厂房的色彩基调，完美地体现了设计初衷。

集控室及生产办公楼建筑立面采用了灰色铝板、玻璃幕墙及横向的金属遮阳板、金属装饰板栏杆等外装饰材料，与主厂房的金属墙板有机结合，使得该楼既与主厂房融为一体，又显示出自己独特的重要性。

厂区其他建筑在主要出入口或有人员集中工作处的外墙位置点缀橘红色块，既醒目又协调。

1 办公楼
2 脱硫综合楼
3 集中控制楼与主厂房
4 集控室
5 主厂房固定端

广东新会双水发电厂

建设规模：2X150MW燃煤机组

开工/竣工：2001.6/2003.6

设计单位：中南电力设计院

施工单位：湖北建工集团

建设单位：广东新会双水发电厂有限公司

1 外景

2 电厂外景

按业主要求，本工程设计理念为“工业旅游、教育概念”，通过建筑造型及构造设计，将主厂房建造成为一座通透的现代电力工业博物馆，主厂房内各种设备机器成为展示品。在体型上整个造型依附于主厂房的工艺流程所固有的轮廓线，不作过多的体型变化，平面设为椭圆型，采用鱼腹点式玻璃幕墙为围护体系。幕墙与周围构筑物的混凝土墙体型成了对比，且映照着周围的景观，将主厂房建筑融入了周围环境。主厂房流线型的体态，光滑、精致、富有机理的玻璃外表面，增强了视觉冲击力，表达了现代科技主题。

4

1

2

3

汽机房为自然通风方式，平面由常规矩形改为椭圆形，四周为防雨型的通风百叶窗，在功能上满足了厂房内通风要求，并与主厂房的外立面造型保持一致。变压器和煤仓间采用圆柱形半封闭式造型，出线方式由地上改为地下，将所有的变压器分两组集中布置，在主变的上方为一圆柱体的造型，形成一个实体，与作为背景的主厂房的玻璃幕墙形成一实一虚的对比效果，至运行层标高处，将圆柱体作一斜切处理，上面设置一漏空的圆形转轮，可满足正常的排风要求和防火要求，室内外均取得了良好的效果。

1 百叶窗细部
2 景观柱效果
3 景观柱近景
4 电厂效果图
5 GIS楼及檐口细部玻璃幕
6 建筑空间
7 建筑细部

5

厂前区广场由中心雕塑、景观柱、花园、荷池水榭组成，广场占地约0.8公顷，自汽机房的A排，延伸至于厂界河边的荷池水榭。 广场以主厂房为背景， 中间以烟囱中心为广场的主轴线， 主轴线上依次为烟囱、汽机房、中心雕塑、景观柱、花园、荷池水榭等建(构)筑物; 在两侧对称布置GIS配电楼、检修楼。

在与GIS配电楼、检修楼平行处，以中心花坛为轴，向外形成圆形花坛，对称耸立着六根景观雕像， 形成“能的述说”大型景观柱雕塑群，从不同侧面反映了有关火力发电厂过去、现在、将来的历史文化，使厂区萦绕着浓郁的艺术氛围。

6

7

1 屋顶局部
2 灰库采用仿金属的氟碳漆
3 鱼腹梁构架

GIS配电楼、检修楼在细部处理上，重复运用了圆弧形玻璃幕墙，金属格栅构件的设计母题，与主厂房形成呼应，从而达到全厂的建筑景观统一协调。

灰库采用仿金属的氟碳漆罩面，配以规整的分隔缝，具有现代工业的时尚感。

华能营口发电厂

建设规模：2X600MW超超临界燃煤机组（二期）

开工/竣工：2005.04/2007.10

设计单位：东北电力设计院

施工单位：东北电建一、二、四公司

建设单位：华能集团控股公司

华能营口电厂二期工程是国内首台2X600MW超超临界机组。

厂址位于辽宁省营口市鲅鱼圈区（即营口市经济技术开发区）境内。

一期工程安装2台前苏联进口的320MW超临界燃煤发电机组。二期工程扩建2台600MW超超临界燃煤机组及相关配套设施。

全景图

1 办公楼
2 厂前区

在主厂房建筑造型及色彩方面考虑到营口老厂原有的蓝色系，新的主厂房在色彩上与之融合，注重细部的刻画，色彩的对比选取，实现全厂建筑物的统一协调。

在二期主厂房的建筑形象上突破了传统的思路，运用了简洁的处理手法，形成电厂建筑全新的视觉效果。

厂前办公楼建筑立面为英文字母“h”形，寓意华能集团企业标识的“H”形状。立面造型前后、高低错落；墙面明暗相间；墙体材料的玻璃与实墙的虚实对比，增加了办公楼作为厂前重要主体建筑物的视觉冲击效果。在细部处理方面利用圆窗、入口上部的时钟标志和凹墙上的阶梯状玻璃幕墙等起到画龙点睛的作用。

新疆红雁池第二发电厂

建设规模：4X200MW燃煤机组

开工/竣工：2001.7/2003.12

设计单位：新疆电力设计院

施工单位：新疆维吾尔自治区第三建筑工程公司

新疆电力建设公司第一分公司

鸟瞰

红雁池二电厂位于乌鲁木齐市东南约8km，4X200MW抽汽供热式汽轮发电机湿冷机组。采用红雁池水库和乌拉泊水库直流冷却方式。

总平面采用常规的升压站—冷却塔、主厂房、煤场三列式布置方式，公用设施及厂前建筑与主厂房隔输煤栈桥布置在厂区北侧，向南扩建。四台机组共四座冷却塔分别布置在升压站两侧。

东西轴线为功能轴线，依照电厂工艺序列自动形成，布置升压站、主厂房、煤场三大功能区。此轴线布置电厂重要的建筑物，体量大且较为密集，建筑基本以烟囱为中心，两侧对称展开，层次分明，错落有序。另外在规划上已考虑将两期煤场平行布置，因此整个输煤栈桥沿东西向贯穿整个厂区，自入口看去，在空间上跌宕起伏，气势壮观。

南北轴线为景观轴线。由于采用端入式布置方式，因此沿入口方向规划南北景观轴线，沿厂区入口干道两侧依次布置生活区、办公楼和化水区。由于建筑物体量较小，所以建筑外观处理得比较亲切，便于厂外与厂内的功能联系，同时也拉大了主厂房与城市道路入口的距离，不至于影响城市的天际线。此轴线与东侧冷却塔、西侧水务区和材料库区之间以较宽的绿化带予以分隔。

整个厂区的主色调考虑新疆地处寒冷干燥气候带，晴天数较多，建筑常处于较为明朗的光环境当中，因此采用以浅灰色为主色调，辅以浅蓝色为衬。由于新疆地区居住的维吾尔民族传统上以大红色作为生活中的点缀，因此在本次设计中在几个重要节点部位——如锅炉房和烟囱大胆使用了红色为主基调，在蓝天白云的衬托下，显得尤为醒目突出。

1

1 电厂全景
2 厂前建筑

1 输煤栈桥
2 升压站
3 集控室
4 主变

全厂功能建筑立面色彩采用简洁、明快的色调，建筑群体之间协调呼应，体现现代工业建筑风格。

输煤栈桥贯穿整个厂区，因此以浅蓝色为主基调，通过白色条状窗带起到横向联系的作用。

主厂房建筑外墙采用浅灰白色，电梯井及锅炉房压型钢板采用红色并加浅灰白色线条。本工程由于地处严寒地区，各建筑在满足采光要求的前提下窗子开少开小。

北京华能热电厂

建设规模：4X200 MW燃煤供热机组。

开工/竣工：1995/1999

设计单位：华北电力设计院

施工单位：西北电建一公司、山西电建二公司、中建二局
北京电建公司、北京火电公司

建设单位：华能国际电力股份有限公司

1 厂前办公区

2 主厂房A列全景

北京华能热电厂位于北京市郊高碑店乡，为城市供热机组。四台锅炉一字排开，炉体全封闭，炉体维护结构上的竖线条使得锅炉的高宽比例显得恰当，视觉感整洁，韵律感强。主体建筑用中黄色加蓝色色带，在蓝天的掩映下勾画出电厂雄伟的天际线。水平条窗色带与垂直的条窗色带相互交错，较好地与锅炉呼应，且富有变化。

1

2

1

附属建筑（办公楼、食堂、招待所等）围合创造出一个适宜人工作交流的小环境。建筑以浅灰色为主调，营造出贴近人们生活的氛围，摈弃了工业建筑高大竣冷的面貌。

附属建筑与主厂房采用相同的元素（蓝色、条窗等）进行统一协调，使两者相互映衬，展现出具有时代特征的现代化电厂的建筑形象。

1 电厂远景
2 电厂大门
3 办公楼
4 生产服务楼
5 职工食堂
6 充分利用栈桥下的空间
7 主厂房固定端

2

3

4

5

6

7

华润电力常熟第二发电厂

建设规模：3X600MW 燃煤机组

开工/竣工：2003.5/2005.10

设计单位：西北电力设计院

施工单位：江苏电建一公司 、山东电建一公司

建设单位：华润电力（常熟）有限公司

本工程力求体现江南建筑的气质，坚持造型简洁、色彩淡雅，与自然和谐。

建筑群体主色调采用珍珠白色，色带采用华润电力企业标识颜色——黄色，整体色彩清新醒目，富有华润电力企业的个性特点，并具有较强的标志性。全厂整体色彩规划，仅在比较高大的建筑或者是与主要道路有对景的建筑及沿厂区外围的建筑上面设置了色带，重点处理，疏密有致，有张有弛。

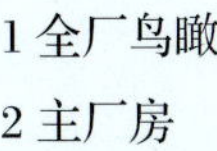

1 全厂鸟瞰
2 主厂房
3 办公楼及大门
4 办公楼及主厂房
5 办公楼夜景
6 办公楼一角

厂前区建筑群体由大门、办公楼、公寓楼及运动馆组成，沿着纵深方向依次布置。设计方案从建筑布置、功能布局、造型设计、色彩规划等方面都力求新颖、独特，为员工提供一个高品质的工作、生活空间。

本工程的输煤系统采用了管状皮带，其钢结构制作有很强的节奏感和韵律感，远远看去犹如两条巨龙腾空而起，体现了工业建筑“科技、力量、美”的主题。

1

2

3

4

华润电力（常熟）项目建筑及环境报建方案设计

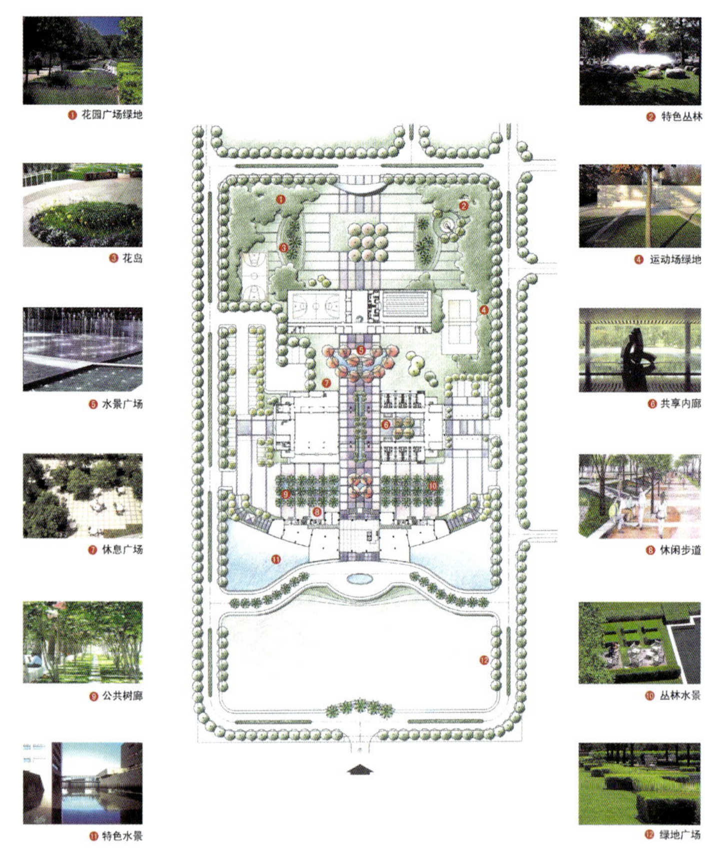

园林景观示意 A10

华润电力（常熟）有限公司

5

1 汽机房室内透视
2 集控室
3 运动馆
4 输煤管状皮带夜景
5 厂前区园林景观示意
6 厂区一角

6

贵州盘南发电厂

建设规模：4X600MW 燃煤机组

开工/竣工：2003.9/2007.11

设计单位：西南电力设计院

施工单位：贵州省电建一、二公司

建设单位：广东省粤电资产经营公司
贵州金元电力投资股份有限公司
贵州西电电力股份有限公司共同投资

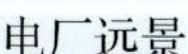

电厂远景

本工程为山区坑口电厂。厂区地形高差较大，为节约土石方工程量，厂区建筑分建在不同标高的地块上，并尽量实施联合建筑的设计。如厂前设综合楼，将生产行政办公楼、值班宿舍、食堂、浴室、试验室、检修维护车间、汽车库、消防车库等均合并在此建筑内。

本厂区位处高原地带，阳光充足，植被良好，环境色彩丰富。全厂建筑以白色为主，与背景色相衬既醒目又协调。突出厂区建筑几何轮廓，视觉效果稳重、大气、和谐并富有层次感。

1 主厂房固定端透视
2 主厂房扩建端透视
3 主厂房全景

1

2

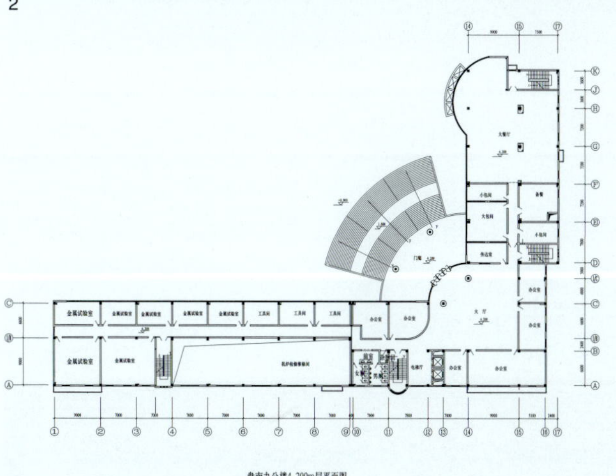

3

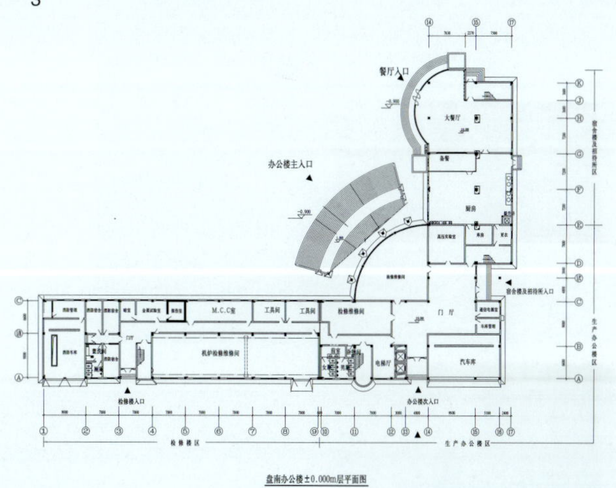

1 办公楼
2 办公楼平面图
3 办公楼平面图
4 办公楼远景
5 办公楼侧立面

4

5

河北大唐王滩发电厂

机组容量：2X600MW燃煤机组。

开工/竣工：2003.5/2005.5

设计单位：华北电力设计院

施工单位：北京电力建设公司、天津电力建设公司

建设单位：北京大唐发电股份有限公司

1 主厂房
2 电厂全景

河北大唐王滩发电厂，位于河北唐山市乐亭县海港经济开发区境内，电厂建在海边滩涂地，为一座海滨电厂。

2

王滩电厂汽机房屋顶采用网架结构、复合压型钢板，屋面找坡为单坡方式，取消了汽机房女儿墙，设置挑檐。为了避免挑檐单薄引起的比例不协同，将汽机房网架外挑露出室外，丰富立面层次。同时将汽机房天沟设置在A列外挑檐下，采用外露雨水管的外排水方式，避免了汽机房天沟容易漏水的弊病，探索了厂房屋面的新建筑形式。

3 内院廊架

4 办公楼

3

4

广东梅州荷树园发电厂

建设规模：2X135MW燃煤发电机组
开工/竣工：2003.11/2005.5
设计单位：广东电力设计研究院
施工单位：广东电力第一工程局
建设单位：广东宝丽华实业股份有限公司

梅县荷树园电厂建筑借鉴了客家土楼阁楼和园林建筑的风格和特点，在建筑造型、材料、色彩、和视觉上引入园林挑台、客家土楼阁楼的元素，使建筑物形体高低错落、有序组合。附属、辅助建筑采用双坡屋顶以及单坡屋顶双结合，坡屋顶出挑深远的大飘板在廊柱的烘托下，展现出建筑物的通透和俊秀。全厂建筑采用长廊、坡屋顶、红墙的造园手法，打造生态园林式、带有客家建筑风格的电厂。

主厂房建筑大体量采用暗红色，与全厂建筑协调统一，与厂区的生态园林环境相互呼应与衬托。

1

1 主厂房
2 输煤配电室
3 厂房与生产综合楼连接天桥
4 连接天桥
5 连接天桥内侧
6 综合材料库

2

3

4

5

建筑设计充分体现中国传统民居建筑艺术的魅力，以生态园林的现代化手法展现工业建筑的环境特色，形成有生态结构、有园林诗意的现代化电厂。

场地规划布局从进厂道路入手，采用园林式规划引导，以花园式主干道、园林分区，铺展园林式电厂的空间。

6

1

2

3

厂区的生产建筑群体与生态园林共融，与赋有园林色彩的装修材料相结合，进一步增添厂区的生态园林意境。入口大门、办公区、食堂、员工宿舍在总平面布置上设在厂区入口显著的位置，视野良好，餐厅、活动中心、会议接待和社会配套资源设施组成一个完整的区域。

生产综合楼、输煤控制楼等生产建筑打破以往建筑的设计模式，从改变以往方块、呆板的理念出发，在建筑造型、材料、色彩、和视觉上引入园林挑台、阁楼的元素，使建筑物形体高低错落、有序组合，底层面积有比例的收窄，二层面积适度加宽并外挑出宽阔的观赏走廊，开敞式楼梯舒展地设置在建筑物最显眼的出入口，建筑造型收放适度，空间层次鲜明，凸现园林建筑的韵味。

4

5

6

7

8

1 入口大门
2 入口景观
3 辅助建筑
4 值班宿舍
5 值班宿舍正立面
6 生产办公楼
7 办公室内廊
8 生产办公室

办公楼内部采用半开敞式分隔，吊灯采用了地方环保材料制作，充分体现客家建筑的室内布置特点，同时也作为绿色建筑的一种追求。

内蒙古岱海发电厂

建设规模：4X600MW超超临界燃煤发电机组

开工/竣工：2003.9/2008.3

设计单位：华北电力设计院

施工单位：河北电建一公司、天津电力建设公司、内蒙电建二公司

建设单位：内蒙古岱海发电有限责任公司

1 座落在岱海湖边的电厂

2 汽机房A列外立面

3 电厂大门

1

2

电厂位于内蒙古乌兰察布盟岱海湖南岸，紧临岱海湖建设。

岱海电厂的建筑设计在满足使用功能的前提下，重视细部处理，墙体与门窗设计注意尺度合理，采用带型窗，线条简洁大方；全厂屋面统一采用女儿墙，外立面干净、整洁，整体风格协调、统一，突出了现代发电厂的宏伟、壮观。

3

厂区布置规整、简洁，重视绿化，特别是厂前区综合办公楼设计，采用解构式设计手法，平面布局由多种几何图形与构架组成，有效丰富了厂前建筑。开阔的厂前绿化及雕塑设计，具有草原特色，提升了电厂建筑的整体环境效果，体现出花园式工厂的特点。

电厂色彩搭配与环境协调，全厂色彩风格统一。各单体建筑均以白色为主色调，顶部设蓝色色带，勒脚设1.2m高灰色面砖，三段式色彩继承了古典建筑的风格理念，给人以稳重的体量感；白色主色调和蓝色色带与岱海湖交相辉映，融为一体，为岱海湖增添了无限魅力。

电厂建成后为当地旅游增添了新的靓点。

1

2

3

4

1 与牛羊共享草原的电厂
2 综合楼鸟瞰
3 综合楼主入口
4 建设中的岱海电厂

河北定州发电厂

建设规模：规划容量为4X600MW，一期2X600MW燃煤机组

开工/竣工：2001.8/2004.4

设计单位：河北省电力勘测设计研究院

施工单位：河北电建一公司、北京电建公司

建设单位：北京国华电力公司、河北省建投、省电力公司

1 远眺电厂全景
2 建设中的电厂
3 一期全景
4 全厂鸟瞰图
5 主厂房固定端
6 汽机房立面

1

2

3

4

5

6

本工程周围为乡间田野，地势平坦、开阔，充分利用地形、风向等自然环境，合理布局，创造良好的工业建筑形象。

厂区内建筑物形体变化以直角立方体为主，少量的圆弧点缀辅助建筑。

全厂建筑形体简洁流畅、和谐统一。

1

2

1 电厂综合服务建筑
2 电厂招待所及值班楼
3 电厂招待所

3

华能伊敏发电厂

建设规模：二期扩建2X600MW国产亚临界机组

开工/竣工：2005.7/2007.11

设计单位：东北电力设计院

施工单位：东电三公司、黑龙江火电三公司

建设单位：华能伊敏煤电公司

华能伊敏电厂位于内蒙古呼伦贝尔市伊敏河畔的旗马场，电厂一期为2X500MW俄罗斯进口超临界机组，二期为扩建2X600MW国产亚临界机组，电厂三期为扩建2X600MW国产超临界机组，已于2008年5月开工，将于2010年5月和6月投产。

在内蒙古大草原特殊的地理文化背景的衬托下，电厂厂区建筑形体以主厂房为视觉中心，辅助生产建筑和附属建筑在周边与其呼应，建筑高低错落有致，既有对比又有统一。电厂一期建筑主要以浅色调的浅粉色和白色为主，局部采用粉红色色带装饰；二期建筑主要以白色调为主，局部大胆地采用红色色带或红色屋顶进行装饰，整个厂区建筑色彩对比强烈，厂区建筑群在蓝天、白云和绿色的大草原的衬托下，创造出一幅美丽画卷。

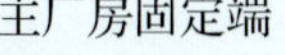

主厂房固定端

1

2

3

4

1 厂前雕塑
2 办公楼与广场
3 综合办公楼
4 主控室
5 主厂房立面

5

广西防城港发电厂

建设规模：4X600MW燃煤发电机组

开工/竣工：2005.5/2008.1

设计单位：山东电力工程咨询院有限公司、广西电力工业勘察设计研究院

施工单位：山东电力建设第二工程公司

建设单位：中电广西防城港电力有限公司

1 主厂房夜景
2 全厂航拍图
3 全厂总平面

电厂位于广西防城港市企沙镇。规划容量为4X600MW，一期建设2X600MW超临界机组；二期为2X660MW超临界机组；留有再扩建的可能性。

电厂厂前建筑方案设计：结合厂区整体规划，充分考虑轴线关系、空间序列及交通组织，注重厂区的整体化，力求营造现代化的、开放的且以人为本的人文环境。

电厂厂前景观设计：贯串于生活、办公、休闲之中，营造“绿树蓝天、美好家园”氛围。

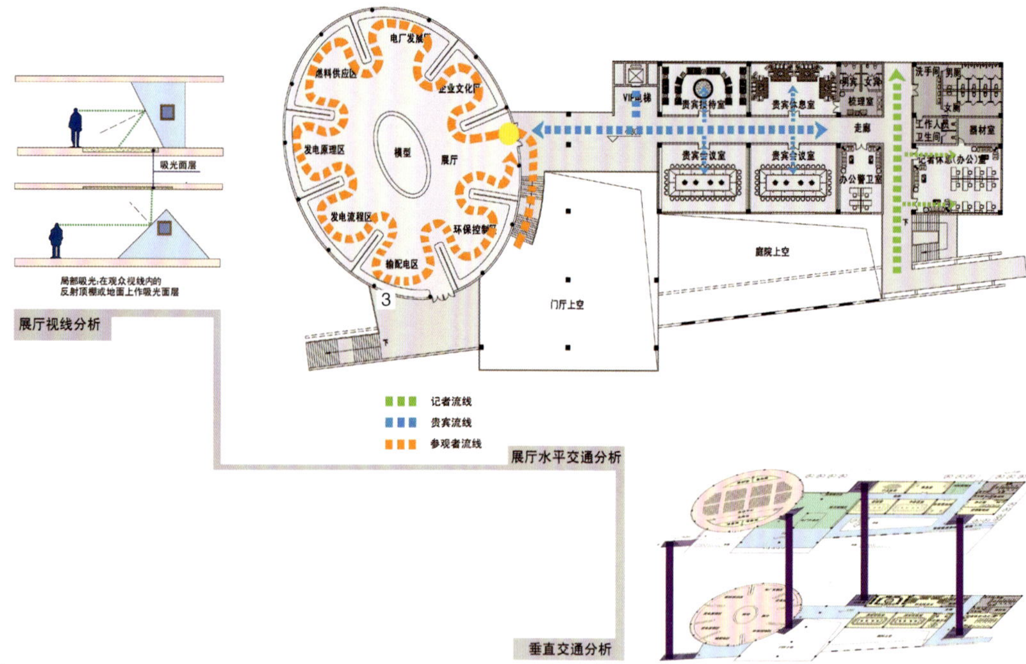

1

渗水循环

防城港电厂地处亚热带，且具有海洋性气候特征。从方案特点出发，访客中心与职工公寓局部组团以水体景观为主，所以设计运用渗水地面方式，多采用渗水性好的材料和铺地做渗水处理。收集的雨水经过过滤后作为景观补足。

水体净化系统

方案中的水景，为保持水质，设计简便，成本低，便于更换的沙缸水体净化方式，在水景边处设水体处理点，抑制藻类的产生，过滤水体，使景观水得到净化。

净化设施

雨水渗透

自然净化

导水路

景观池

贮水槽

通过喷水装置喷灌草坪

访客中心

公寓楼底层架空示意

太阳能运用

在新征地区内示范性地设点，运用太阳能灯作为能源的循环，充分利用当地的日照资源，体现健康、生态、爱护环境的主题。

BOLARD LIGHT FOR PLANTING OR FOOT PATH
园林灯（植物和小径路）

WALL LIGHT
墙灯（景观墙墙内嵌）

2

3

4

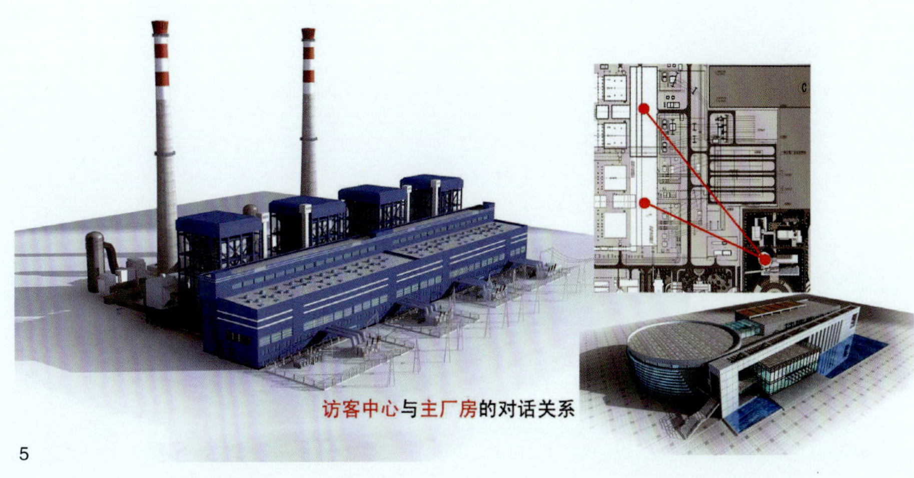

5

1 厂前区访客中心功能交通
2 厂前区访客中心生态技术
3 大门手绘图
4 厂前区鸟瞰
5 厂前区访客中心场地分析
6 厂前区访客中心

6

1 活动中心
2 综合办公楼
3 一期办公楼至主厂房天桥
4 一期主厂房立面

华能巢湖发电厂

建设规模：2X600MW超临界燃煤发电机组

开工/竣工：2007.2/2008.8

设计单位：江苏省电力设计院

施工单位：浙江省第二建筑工程公司

建设单位：江苏巢湖发电有限公司

电厂远景

华能巢湖电厂厂区狭小，各功能区间布置紧凑。设计中引入竖向的符号、元素，突出全厂构筑物高耸挺拔的姿态，强化厂区整体的雄壮气势，使紧凑的厂区建筑体现出一种向上的动势。

主厂房主体色调为银白色，外墙1m以下为砌体围护，外贴仿石面砖，1m以上为双层带保温压型钢板墙板围护，汽机房运转层处点缀横向的条窗，整体造型简洁大方。

1

2

3

1 全厂效果图
2 办公楼立面
3 办公楼与厂房连接
4 汽机运转层
5 控制室
6 电厂近景

厂前办公楼建筑与主厂房利用连廊衔接，使二者成为视觉上的整体。办公楼的外立面采用铝板与玻璃幕墙相结合，丰富视觉效果。顶层局部架空，力求通过其丰富的体量、材质间的变化，在整体建筑群中得以彰显。

河北三河发电厂

建设规模：4X300MW燃煤供热机组

开工/竣工：2006.3/2007.8

设计单位：华北电力设计院

施工单位：广东火电建设总公司、北京电力建设公司、河北省电建一公司

建设单位：三河发电有限责任公司

1 厂前广场及办公楼
2 电厂全景
3 一期远景
4 控制室
5 由A列看全厂
6 炉侧管架

河北三河发电厂位于河北省三河市境内，该项目分两期建设。

二期工程建设2X300MW热电联产燃煤供热机组，采用排烟冷却塔（烟塔合一）技术。同步建设脱硫脱硝、中水利用等环保设施，是京冀合作服务2008奥运重点工程。

1

2

3

4

5

6

本工程一、二期主厂房相连建设，横向色带贯穿汽机房主体立面，与之相接的锅炉房电梯采用相近的色带，实现了汽机房与锅炉房两个部分的色彩衔接，并在锅炉上方采用局部色带，与下部厂房建筑色带相呼应。主要的厂房建筑采用了组合条型窗，自下而上依次为米白色外墙面砖基座、乳白色的大面积墙面主色调、水平向压型钢板的红色与蓝色相组合的色带，增强了大体量主厂房的稳重感，并采用红蓝色的色带组合方式营造出色感的韵律。厂前区建筑采用局部幕墙窗与点式方窗组合变化，以达到多样的厂前建筑空间变化。

广西钦州发电厂

建设规模：一期建设2X600MW超临界燃煤发电机组

开工/竣工：2005.5/2007.11

设计单位：山东电力工程咨询院有限公司、广西电力工业勘察设计研究院

施工单位：山东电力建设第三工程公司

建设单位：国投钦州发电有限公司

1

钦州电厂位于钦州市南部的钦州港经济开发区内。一期工程建设2X600MW超临界机组，二期工程建设2X1000MW，留有再扩建的可能性。

电厂利用工艺上固有的条理性分块、分类处理，使建筑群总体“求同存异”，在构成手法上力求灵活性：有些地方突出表现建筑，以工艺管架为辅；有些地方重点强调工艺设备，建筑物退为背景。

在注重厂区的绿化环境及建(构)筑物外观处理及设备、管道色彩协调的基础上，重点对厂前附属建筑、化验楼、主厂房景观主线进行规划及设计，形成主次有序的厂区景观。

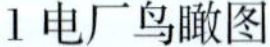

1 电厂鸟瞰图
2 主厂房
3 电厂正门入口
4 综合生活楼效果图

1

2

3

1 厂前区
2 水景
3 雕塑

厂区入口

华润登封发电厂

建设规模：2X350MW燃煤机组

开工/竣工：2002.12/2004.9

设计单位：河南省电力勘测设计院

施工单位：中建二局第二建筑公司、河南省第一火电建设公司
东北电力建设公司

建设单位：华润电力登封有限责任公司

本工程注重建筑整体协调统一，在建筑色彩、造型及处理手法上简洁和谐。主厂房利用华润电力公司的标识色，以黄色色带、色块处理，统一全厂生产建筑；尤其运煤栈桥色带贯穿运煤建筑，实现多样统一的建筑原则。

厂前建筑对称布局，采用现代建筑风格，营造清新自然的生活空间。单体建筑设计注重了建筑朝向、交通组织、使用功能的合理性，结合室内外环境，达到建筑内外空间相互交融与渗透的效果。

1 汽机房外景
2 主厂房固定端
3 生产办公楼
4 汽机房室内

大唐禹州发电厂

建设规模：2X350MW燃煤机组

开工/竣工：1998.12/2001.12

设计单位：河南省电力勘测设计院

施工单位：河南省第二建筑公司、河南省第一、二火电建设公司、河南四建股份有限公司

建设单位：许昌龙岗发电有限责任公司

厂前景色

统一全厂建筑整体风格，建筑色彩、造型及处理手法以橘红色色带、色块使全厂生产建筑形成一个整体。

主厂房围护结构为9m长预应力槽板，墙面利用板缝，分格清晰合理，避免了墙面裂缝问题，使墙板平整、色泽一致。主厂房室内梁、板、柱应用清水混凝土专利工艺，达到内实外光、表面平整、色泽一致、棱角倒圆，艺术效果可与大理石媲美。

厂前建筑采用对称布局，利用田园风光，形成空间渗透，营造清新自然的办公生活空间。

1

2

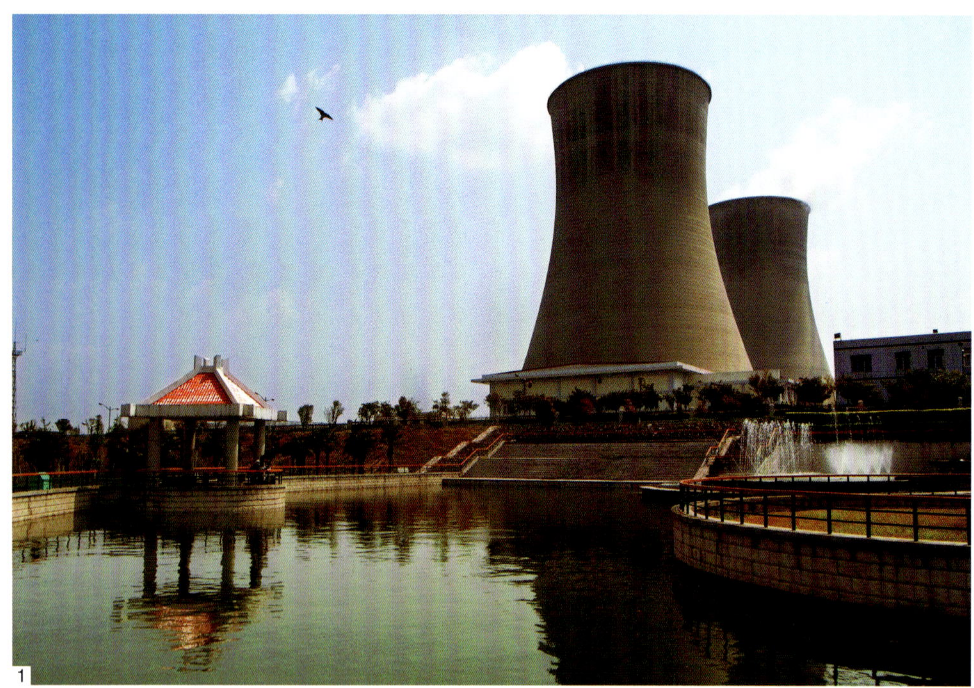

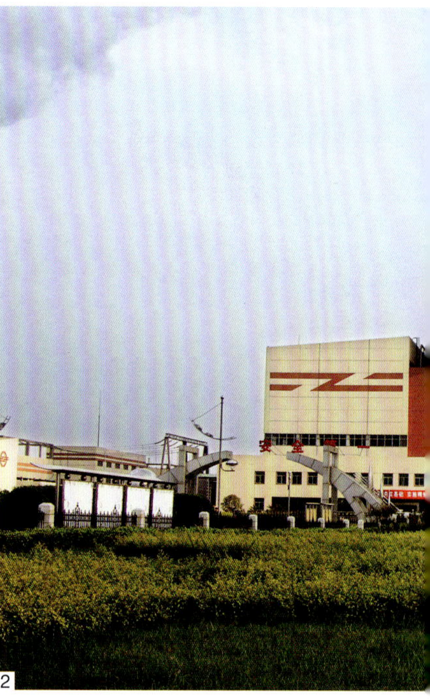

1 冷却塔与水景
2 主厂房固定端
3 生活区的水景
4 生活区的建筑序列
5 生活区的一角
6 生活区的景色
7 电厂远景

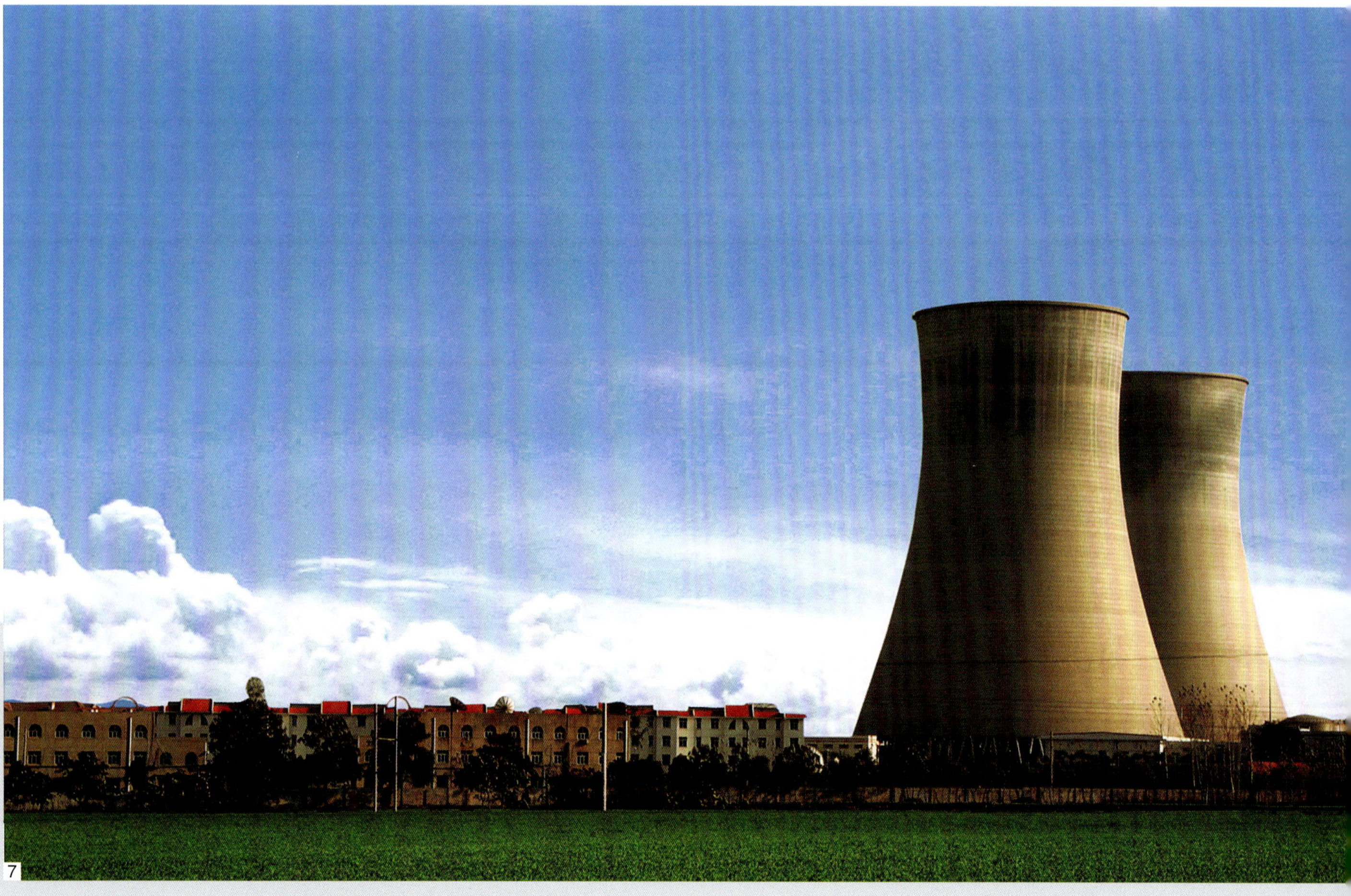

7

湖南金竹山发电厂

建设规模：2X600MW燃煤机组

开工/竣工：2004.6/2006.2

设计单位：湖南省电力勘测设计院、华北电力设计院

施工单位：湖南省第四、五工程有限公司、河南第二建筑工程责任有限公司

建设单位：大唐华银电力股份有限公司

1

金竹山电厂以简洁、明快、有时代感的建筑风格进行设计。建筑注重了几何美、以及和谐的色彩，并以提高室内空间质量为设计努力的目标，重点突出了经济性、简洁性，不设多余的装饰。

主厂房建筑体量较大，色彩选择了平易近人的淡灰色，使其具有轻快、宁静的品质，并与四季常绿的自然环境相和谐。其他建筑外立面以淡雅墙体为主，配以蓝色钢架、构筑色彩与周围环境相协调，形成独特的建筑风格。

1 电厂鸟瞰
2 电厂远景
3 主厂房固定端

1

2

3

1 电厂大门
2 控制室观察窗
3 汽机房导光屋顶
4 办公楼效果图一
5 办公楼效果图二

4

5

山西漳山发电厂

建设规模：一期2X300MW直接空冷机组
　　　　　二期2X600MW直接空冷机组

开工/竣工：2002.10/2004.10

设计单位：山西省电力勘测设计院（一期）、中南电力设计院（二期）

施工单位：山西省电力建设第三工程公司、山西省电力建设第四工程公司

建设单位：京能漳山发电有限公司

1 厂前综合效果图
2 全厂鸟瞰
3 办公楼夜景
4 厂办公楼
5 综合服务楼一角

主厂房建筑外墙1.2m以下为砌体围护，贴浅灰色仿蘑菇石墙砖，1.2m以上为双层带保温压型钢板墙板围护。主厂房建筑外立面色彩设计结合压型钢板墙体构造特点，采用简洁色块与色带对比，以白色为主色，点缀以蓝色色带。厂区其他辅助生产建筑色彩应以主厂房对比协调为主调。

3

4

5

办公楼、服务楼以生产建筑群为背景，通过建筑本身虚实、色彩、外部质感等方面的变化，衬托出与生产区相对独立的厂前建筑风格及环境。办公楼建筑外形为几何弧形的裁切体块，外墙采用玻璃幕墙围护，将外部空间引入室内，创造出宽敞明亮的室内环境。幕墙分别采用了全隐框、拉杆点支、玻璃肋等幕墙形式，玻璃采用了热反射镀膜、全透明、镀点半透明玻璃相互对比，在产生虚实变化的同时，创造出不同层次通透感，以满足内部房间功能差异的要求。服务楼在体型上结合使用功能与总体布局，采用分组布局，强调大块整体的虚实对比，与办公楼的简洁对比关系相协调。建筑细部处理上，采用与办公楼相同的元素，以达到统一厂前建筑风格的目的。夜间办公楼内明亮的灯光与主厂房露天锅炉灯光相辉映，亮化厂区空间，掩映出企业的生机、活力。

厂前绿化由规整几何形状草坪、矮篱、抽象雕塑组成，与建筑风格相呼应。全厂生产、办公、生活建筑及其外部环境设计着重体现出“简”这一整体设计思路。

1

1 空冷平台与主厂房
2 厂前印象

安徽安庆发电厂

建设规模：一期2X300MW燃煤发电机组

开工/竣工：2002.11/2005.05

设计单位：安徽省电力设计院

施工单位：安徽电建一、二公司

建设单位：安徽省能源集团公司

1

2

安庆电厂以橙色与蓝色为主色带，创造了良好的形象效果。设计对全厂建筑和主要设备的色彩进行了统一设计，整个厂区的色彩设计以淡色调为主，建、构筑物与工艺设备统一考虑。

在主要的建筑物上设计添加了电厂的形象标志，标志面对长江方向，得以来往的江上运行船只一目了然。

1 电厂远景
2 汽机房A列立面
3 锅炉后部
4 主厂房扩建端
5 主厂房全景

广东大唐潮州三百门电厂

工程规模：一期工程2X600MW+2X1000MW燃煤机组

开工/竣工：2004.5/2006.5

设计单位：广东省电力设计研究院

施工单位：东北电建一公司、广东电力第一工程局

建设单位：广东大唐潮州发电有限责任公司

1 全厂鸟瞰
2 电厂夜景
3 入口大门
4 厂前高点透视
5 低点透视
6 厂前建筑

1

2

3

4

5

6

后方巍巍青山依靠，前方是一片碧海蓝天，潮州三百门电厂置身于绿色大自然中。厂区采用了园林式的布置，注重环境与景观，煤场采用体量较大的半透式挡风墙围挡，挡风墙上设有风景壁画，漫步在厂区内，美丽的风景壁画展现在人们的面前，犹如一条走不到尽头的公园文化长廊。

1 综合楼
2 厂区食堂
3 值班宿舍

山西朔州神头二电厂

建设规模：4X500MW 燃煤发电机组

开工/竣工：2001.1 / 2003.11

设计单位：华北电力设计院

施工单位：山西电建二公司、天津电力建设公司

建设单位：大唐国际发电股份有限公司

1 电厂全景

2 二期主厂房

3 主厂房扩建端

4 转运站

5 炉后建筑

神头二电厂位于山西省朔州市境内，建设规模为4X500MW，分两期建设。

二期机组紧邻一期建筑。由于一期工程锅炉部分的外墙封闭板为铝板，色彩褪色较严重，二期工程将锅炉部分的外墙板与汽机房部分相统一，采用了彩色压型钢板封闭，使得主厂房立面及色彩与一期保持了相对协调一致的处理手法，并采用色带做细部处理，使主厂房的体量及色彩形成了一定的韵律感，突出了主厂房的宏伟气势，彰显工业建筑特色。

上海漕泾发电厂

建设规模：2X1000MW超超临界燃煤机组

开工/竣工：2007.10/2010.2

设计单位：华东电力设计院

施工单位：上海电力建设有限公司、浙江省火电建设公司

建设单位：上海上电漕泾发电有限公司

1 厂前区鸟瞰效果图
2 电厂全景
3 主厂房
4 主控制室

漕泾电厂是位于杭州湾畔上海化学工业区地块内的新建大型发电厂，全厂建筑以灰白色为基调、灰蓝色为点缀色。主厂房立面采用以横线条和色块为主要构成形式，通过蓝、白、灰三组色彩设计的主厂房外立面，其他厂房建筑外立面参照主厂房建筑形式，以使全厂建筑统一协调；厂前办公楼、食堂、宿舍等建筑围合成安静、雅致的办公、休憩场所。而异型的混凝土烟囱即成为电厂的标志。

1

2

3

4

广东国华粤电台山发电厂

工程规模：一期工程5X600MW机组

开工/竣工：2001.10/2003.12

设计单位：广东电力设计研究院

施工单位：广东电力第一工程局负责土建施工

　　　　　广东火电安装公司负责安装

建设单位：中国神华能源股份有限公司国华电力分公司控股

1

广东国华粤电台山发电厂依功能分为两个大区——生产区和生活区。

生产区位于厂区西部的大门内，厂前区有运行维护楼、筹建办公楼、档案楼。鸟瞰全厂，主厂房1~5号机一字连续排列，以超大体量成为电厂的主体建筑。东侧正在新建二期两台百万千瓦机组，七台机组成一列布置。

2

3

4

5

6

7

东区生活区，距厂区主入口1000m，与厂区遥遥相望，与台山的碧海蓝天融为一体。园林式布局的常青植物，点缀在值班宿舍、招待所、食堂、运动场、泳池、小别墅之间，身处其中能感受到亚热带风情的现代化建筑环境。各功能建筑通过底层相连的连廊连接，方便生活使用，又成为园林景观的一部分。

1 主厂房立面
2 生活服务楼
3 生产办公楼
4 东区招待所
5 东区连廊
6 生活区连廊
7 值班宿舍

国电黄金埠发电厂

建设规模：2X600MW燃煤机组

开工/竣工：2005.4/2007.7

设计单位：江西省电力设计院

施工单位：江西省水电工程局

建设单位：江西省黄金埠发电有限公司

1 电厂办公楼
2 主厂房立面
3 办公楼内天井
4 办公楼立面图
5 主厂房效果图

主厂房外墙在1m以上采用单层压型钢板围护，1m以下采用砌体围护，外贴深灰色仿石面砖。主厂房外立面以灰白色为基调，分别在运转层条窗顶部及靠女儿墙处饰以通长海蓝色色带；楼梯间挂在煤仓间外墙，形成竖向线条，顶部以海蓝色块装饰。立面处理简洁大气，打破了主厂房巨大的体量感。厂区内其他生产建筑均以灰白色为基调，结合分格缝的划分，在窗间墙、窗下墙等部位以海蓝色块装饰，在建筑体型受工艺限制的条件下尽量展现出一个比例协调、精致优雅的立面。

1

3

办公楼位于主厂房固定端的东侧，在运转层标高通过天桥与主厂房连接。平面布置采用端部3/4圆弧形与规整的长方形相接的内廊式，圆弧部分三层高，布置展厅、会议等大空间房间；内廊为玻璃顶，南面办公部分三层高，屋面做屋顶花园。办公楼造型丰富。

4

5

国电福建南埔电厂

建设规模：2X300MW亚临界燃煤机组

开工/竣工：2004.2/2006.7

设计单位：福建省电力勘测设计院

施工单位：中国建筑第二工程局

建设单位：国电泉州发电有限公司

1 电厂全景
2 主厂房固定端
3 主厂房侧立面
4 厂前办公建筑
5 厂房局部
6 厂房一角
7 烟囱景观
8 储煤仓一角

1

2

3

4

5

6

7

8

南埔电厂主厂房运转层以下采用砌体围护、白色涂料饰面，运转层以上采用单层高强镀铝锌压型钢板围护，晨灰色辅以海蓝色色带。简洁的色彩处理结合主厂房的体量体现出大型厂房特有的气势和尺度。整个厂区建筑群外立面均以白色为基调，其中主厂房和输煤系统建（构）筑物采用蓝色为辅色，其他生产及辅助、附属建筑采用浅驼色为辅色。蓝色和驼色的相互穿插象征着“海水—大地”的交融，形成了滨海电厂独特的色彩构成。

厂前附属建筑包括综合办公楼、食堂及夜班宿舍楼等。综合办公楼主立面采用对称造型，中部开设通长玻璃窗的弧形外墙与两侧实体墙面形成了虚实对比。主入口钢构雨篷及二层贯通的门厅，增加了办公楼的向心力。顶层中部凸起部分采用铝板饰面，其上国电集团的企业标识是企业文化的象征。

山西河曲发电厂

建设规模：2X600MW燃煤凝汽式汽轮发电机组

开工/竣工：2002.8/2005.1

设计单位：山西省电力勘测设计院

施工单位：山东省电力建设第三工程公司、山西省电力建设三公司

建设单位：山东鲁能河曲发电有限公司

本工程位于山西北部，地处黄土高原。综合考虑气象条件、及地区建材生产技术及经济发展状况，结合建筑物结构体系，主厂房汽机房、煤仓间以及锅炉房运转层以下均采用砌体，锅炉运转层以上采用彩色压型钢板封闭。

主厂房在建筑造型和立面处理上，利用工业建筑结构自身特性体现建筑的自然质朴。

主厂房固定端朝西，煤仓间立面考虑到西向光线特点，结合厂房头部转运站外露的梁柱框架结构，增加了V型架构，丰富了立面阴影效果；汽机房固定端和A列立面，将吊车梁标高以下部分，利用结构墙梁位置，墙体在柱间凹进，突出强调竖向结构柱的线条，柱间布置水平条窗，使汽机房狭长而呆板的立面具有了韵律感，与煤仓间立面形成横竖方向的对比。在色彩处理方面，汽机房凹进部分墙面采用深蓝色外墙涂料，其余部分采用浅驼色涂料，使其显得简洁明快，庄重大方，体现了现代工业建筑的个性。

全厂其他辅助及生产性建筑统一采用了浅驼色基调，将厂区露天罐体、桥架等构筑物色彩与建筑物统一考虑，强调全厂整体色调的协调统一的同时，也体现出建筑的地域特征。

1 主厂房

2 厂区构筑物色彩与建筑物的统一

2

山东蓬莱发电厂

建设规模：2X300MW直流冷却凝汽式燃煤机组发电厂

开工/竣工：2003.10/2006.7

设计单位：国核电力规划设计研究院、山东省电力工程咨询院有限公司

施工单位：山东电力建设第一工程公司

建设单位：国电蓬莱发电有限公司

在工艺和总平面设计的基础上，充分考虑电厂建筑的特点和可利用的因素，创立电厂建筑的新形象。

主厂房设计中，大胆打破原本陈旧呆板的形象，让其成为富有活力的视觉中心。立面处理力求简洁、新颖、具有时代感。外墙采用彩色复合金属平板为主，局部根据造型采用彩色波型板（横铺），统一采用沉稳内敛的贝壳灰色，并通过材质自身的特性以及顶部的弧线处理手法，产生既和谐又富有变化的视觉效果，整个主厂房立面新颖、纯净、大气。

1 汽机房室内
2 主厂房全景
3 汽机房立面

3

湖南华电长沙发电厂

建设规模：一期2X600MW燃煤机组

开工/竣工：2005.12/2007.10

设计单位：湖南省电力勘测设计院

施工单位：湖南省四建、湖南省火电建设公司
山东电建三公司等

建设单位：湖南华电长沙发电有限公司

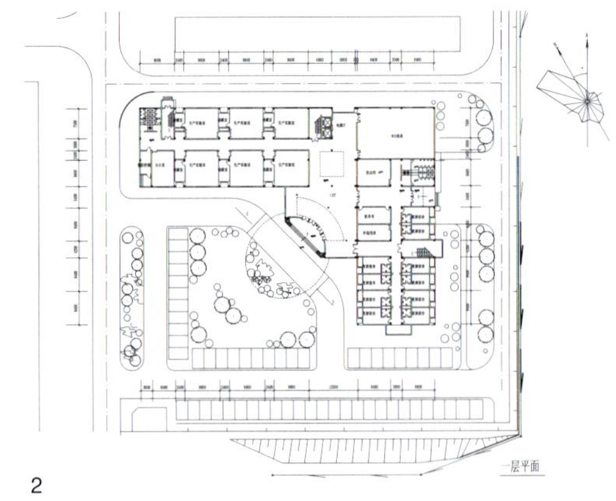
2

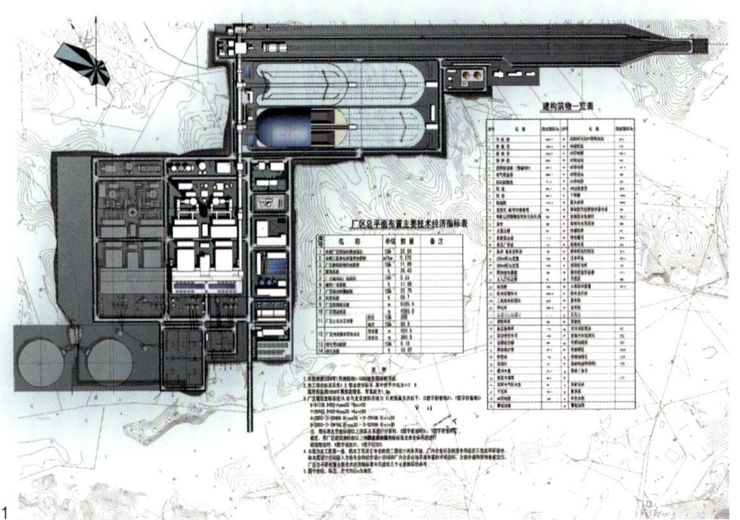
1

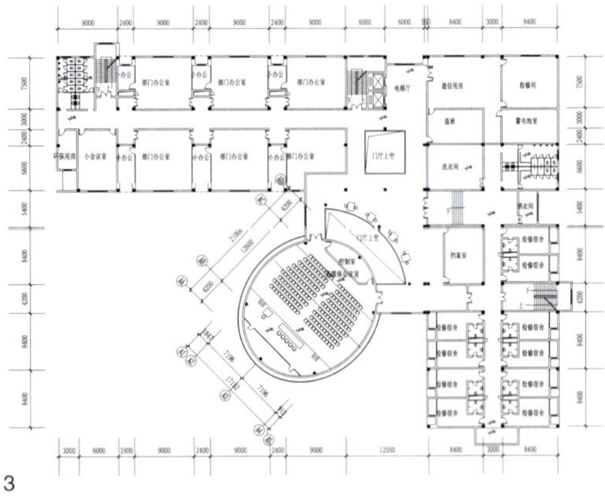
3

4

5

6

本工程为超临界燃煤机组，并同期建设烟气脱硝、脱硫系统。

电厂综合办公楼设计采用“L型”平面布局，以满足建筑内部办公与住宿两部分使用要求，使二者呈现出既分又合的建筑布局方式。

依据使用功能的合理性，办公与住宿两部分为板状，二者之间的报告厅为椭圆形。两个板状体量处理相对简洁，以映衬活跃的曲线元素，两个板状体量通过交通休息转换体穿插组合进行连接。建筑表面统一采用具现代感的亚光铝板，办公区外挂钢构架，其上附设错落有致的磨砂玻璃遮阳板，可沿着金属滑轨左右滑动，营造出了活跃的动感。住宿部分利用点状的阳台作为构图要素，同样灵活地挂置磨砂玻璃遮阳板，与办公区的体量相呼应。交通休息转换体的顶部以具现代感的轻盈构架作为结束。

1 全厂总平面
2 办公楼一层平面
3 办公楼二层平面
4 主厂房建筑
5 厂前办公楼
6 停车棚
7 综合办公楼方案
8 综合办公楼效果图

7

8

云南滇东发电厂

建设规模：4X600MW燃煤机组
开工/竣工：2004.3/2007.5
设计单位：西南电力设计院
施工单位：山东电建二公司
建设单位：山东鲁能集团

1 办公楼入口水景
2 办公楼近景
3 办公楼与厂房相连通
4 办公楼平面图一
5 办公楼平面图二
6 办公楼内庭园
7 办公楼至主厂房联络天桥

1

滇东发电厂办公楼，伫立于厂前核心位置。通过“山”字形的建筑平面布局和恰到好处的小连廊连接，合理地解决了建筑朝向、各功能分区以及交通疏散等方面的问题。立面处理沿袭办公建筑的对称模式，使整个建筑显得庄重大方。同时，通过外墙金属幕墙和透明玻璃幕墙的运用增添了一份清新和透明。

2

3

通信机房
通信机房
通信机房
环保办公室
环保办公室
通信机房
通信机房
通信机房
环保办公室
行政办公室室
屋顶花园
交通大厅
共享大厅上空
行政办公室室行政办公室室
行政办公室室
行政办公室室 行政办公室室 行政办公室室 行政办公室室 行政办公室室 行政办公室室
10.800m层平面图
4

机炉检修维修间
电气高压试验室
接待室
X探伤室
音控室
主席台
大会议室
交通大厅
金属实验室
准备间
接待室
检修维护间
检修维护间
热工实验室
空调机房
配电间
检修维护间
检修维护间
热工实验室
±0.000m层平面图
5

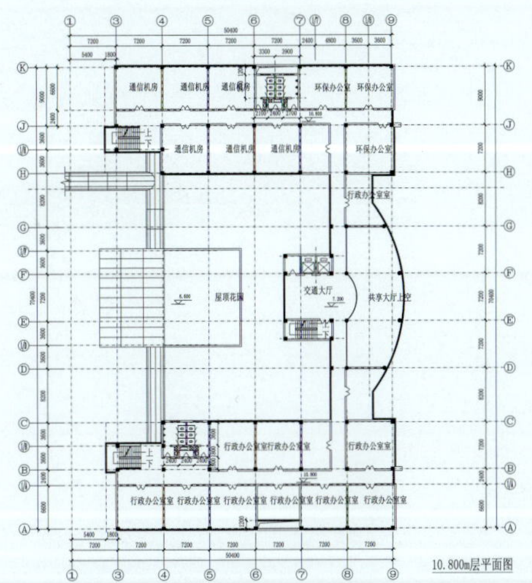

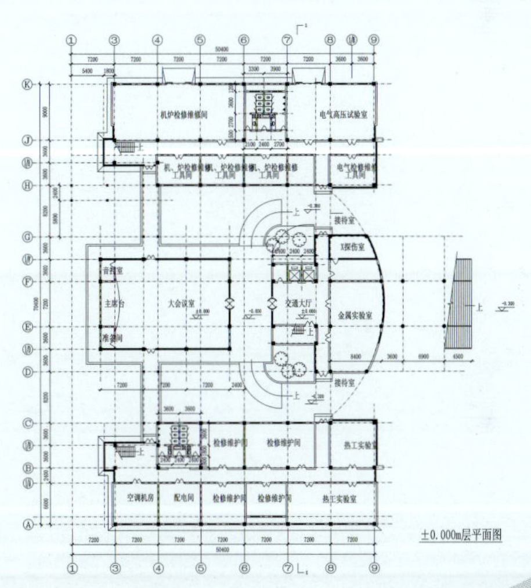

6

7

印度尼西亚中爪哇省芝拉扎发电厂

建设规模：2X300MW燃煤电站

开工/竣工：2004.2/2006.8

设计单位：西南电力设计院

施工单位：PT. Truba Jaya Engineering
PT. Wijaya Karya
PT. Satyamitra Surya Perkasa

建设单位：印尼苏姆贝尔公司

总承包单位：中国成达工程公司

1

2

1 清真寺
2 电厂全景
3 办公楼一层平面图
4 办公楼二层平面图
5 办公楼三层平面图
6 办公楼立面

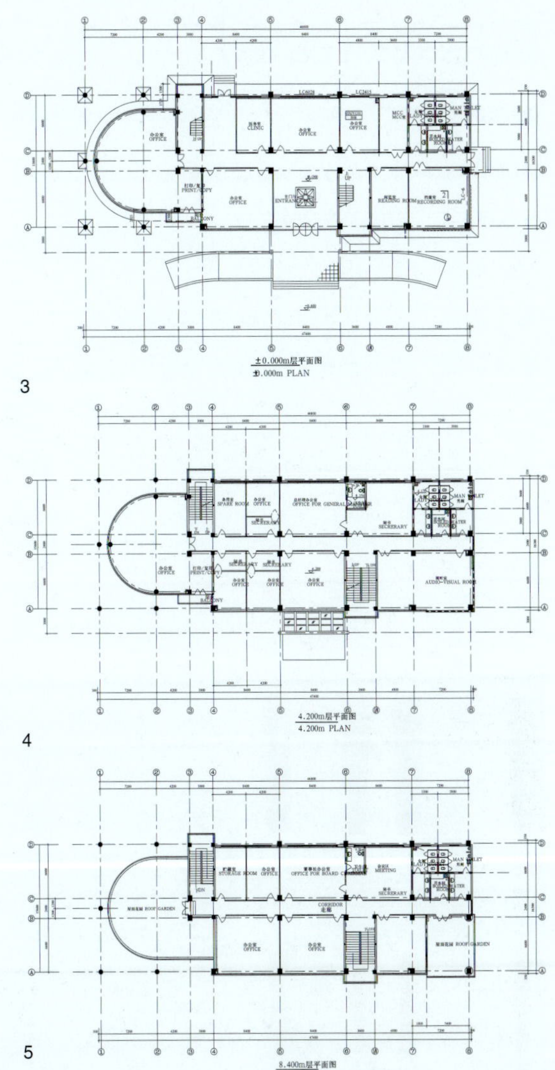

印度尼西亚地处赤道地区，常年气候炎热，年均温27℃。当地为典型的热带雨林气候，高温、多雨、潮湿。本电厂座落在印尼爪哇岛中爪哇省芝拉扎市附近。

办公楼为三层钢筋混凝土结构建筑，主要满足电厂管理运行的需要。办公楼的外立面主要采用了天蓝色的玻璃幕墙和灰色铝塑板。玻璃幕墙可减少进入室内的太阳辐射，降低室内温度，通体的玻璃幕墙还映衬出空明的蓝天和飘舞的白云，更为之增添了绚丽的色彩。

在厂区内设有一座清真寺，是为了方便印尼穆斯林做礼拜专门建造的。清真寺采用阿拉伯式的圆顶廊柱型，由当地的PT. Satyamitra Surya Perkasa公司负责设计和施工。

6

国电泰州发电厂

建设规模：2X1000MW超超临界燃煤机组
开工/竣工：2005.12/2008.3
设计单位：华东电力设计院
施工单位：江苏省电力建设第一工程公司
建设单位：国电泰州发电有限公司

1 主厂房
2 主厂房效果图

全厂建筑在初设阶段进行了建筑形象设计，并以此为施工图立面设计的依据。全厂建筑色调以主厂房的白色、深灰色为基调，显得协调、统一，较好体现了建筑形象设计的要求。

主厂房外墙采用高强度彩色压型钢板（以白色、深灰色、蓝色为主）围护，其中0.90m至18.00m采用深灰色压型钢板水平铺设，18.00m至主厂房顶部采用白色压型钢板垂直铺设，在23.70m处设置2.4m宽的蓝色色带点缀。另外，在汽机房A排的4~7轴、17~20轴（对应汽轮机部位）采用了浅灰色双层平压型钢板墙板，局部立柱刻意暴露，运用浅灰色铝板做弧形装饰包裹以增加立面的层次，体现结构的精细性。压型钢板墙板上运用了垂直波纹、水平波纹、平板及弧形四种纹理，多种元素相互配合并相得益彰，各自的表现力得到充分发挥，主厂房的立面设计取得了协调、创新的整体效果。

上海吴泾电厂

建设规模：2X600MW亚临界燃煤机组

开工/竣工：1997.6/2001.2

设计单位：华东电力设计院

施工单位：上海电力建设有限公司

建设单位：吴泾第二发电有限责任公司

1 主厂房

2 电厂全貌

主厂房立面采用以横线条和色块为主要构成元素，通过蓝、白、灰三组色彩组成主厂房外墙立面。金属墙板的合理选择起到决定性的作用，板材的涂层采用耐腐蚀性强的环氧树脂底漆及特殊处理的面层，使主厂房色彩长时间保持建成时的效果，是一个设计与材料供应商、施工安装共同配合完成的好作品，深得业主的好评。

1998—2008

二　燃机及新能源电厂

Architecture Collection of Power Projects in China

北京太阳宫热电冷联供发电厂

建设规模：2X350兆瓦级燃气—蒸汽联合循环发电机组

开工/竣工：2006.7/2008.5

设计单位：华北电力设计院

施工单位：浙江火电建设公司、中建一局二公司

建设单位：北京太阳宫燃气热电有限公司

1

2

1 电厂夜景
2 全景图
3 全厂模型
4 办公楼共享大厅一角

北京太阳宫热电厂位于北京市朝阳区，电厂周边规划为高档居住区及公园，是都市中心区热电厂，全国首例厂界噪声达到一类标准（即白天55分贝，夜晚45分贝）。

总平面布置设计：

主厂房布置在场地中心，使之远离高档社区和厂界，避免噪声污染。其余所有生产附属建筑和非生产建筑尽可能合并成组团布置在主厂房与城市道路之间，这样既可以阻挡主厂房噪声向外扩散，又可以增加厂外行人的亲切感。

1

2

主厂房建筑设计：

考虑到与城市环境相融合，余热锅炉围护与主厂房相接成一体，外侧竖向条窗，犹如办公建筑，燃机房区域的吸风口、汽机房区域的变压器设备等均采用压型钢板封闭，做成有柱有窗的假墙面（上部不封顶），其假柱与窗的设置与主厂房相协调，形成一个完整的建筑形体。建筑细部的横纹压型钢板与白色壁柱之间的对比丰富了立面效果，大体量主厂房色彩采用了“北京灰”，使建筑整体融入了古老的北京建筑环境之中。电厂的烟囱高80m。设计中结合降噪方案将烟囱下部封闭，与锅炉房形成一个整体，使人在近处看不到烟囱。烟囱上部采用垂直圆筒形状并包敷乳白色保温，壮美俊秀。

3

4

1 主厂房鸟瞰
2 办公楼
3 东侧立面效果图
4 厂前建筑效果图
5 隔声墙下的燃机吸风口
6 封闭降噪墙

5

6

附属建筑设计：

附属建筑物尽可能归类整合，通过开窗方式、立面色彩、屋顶起坡等建筑方式提升亲切感，布置于道路周边丰富街景，与周边城市环境融合。

太阳宫热电厂位于北京东北三四环之间，处于元大都城墙遗址的东延长线上。冷却塔设计呼应元大都遗址文化和古老城墙文化，将混凝土塔壁做成古城墙的视觉效果。在塔顶端设置墙垛，在临厂界一侧的墙下方，利用循环水流道模拟护城河，使城墙的特征更加突出。在吸风口顶部，采取较大的覆土厚度提高绿化强度，并且使爬山虎等爬墙类植物爬满塔外壁，带给人良好的视觉感受。利用冷却塔的端壁，设置攀岩墙，成功实现了原本生硬的城墙端头与厂界外城市环境的柔性过渡。在满足生产使用功能的同时，整个机力通风塔看上去就像是一段古老的城墙，象征着古都文化的传承。

建筑消声处理:

太阳宫电厂厂界噪声环保要求达到一类标准，厂内各生产类建筑均做噪声防控处理，厂房墙面做隔声墙、隔声门窗、隔声门斗；所有进风、出风口均做消声处理，使得噪声在第一道防线中就得以控制，外露消声构件与建筑有机结合，采取恰当的处理手段，使其融入厂区环境。

1

2

3

4

5

6

7

太阳宫绿化设计:

厂区整体布置淡化工业建筑的水冷生硬感，争取绿化面积最大化，全厂室外管线全部采用地下布置方案。厂区绿化注意了四点:

1. 厂界周边设置立体绿化遮挡噪声，冷却塔吸风口布置了“月亮湾”和“九龙壁”。九棵龙爪槐和爬山虎为背景组成。

2. 绿化设计和企业文化相结合，厂区中心不同颜色黄杨组成的北京印，鲜明地体现了时代特色、奥运特色。

3. 绿化设计与环境相结合，综合选择绿化草木种类和绿植品种，移植了很多当地拆迁居民的树木，成为老乡的心灵寄托。

4. 选用易于维护、符合地域特点品种进行绿化，实现电厂两季有果，三季有花，四季常绿，并采用开敞漏空栏杆代替厂区围堵，让绿化视觉延伸到厂外，最终达到了一座“工厂式花园”的效果，使电厂具备显著的生态文明特点。

1 化学储罐场地
2 置于隔声墙内的变压器
3 余热锅炉及烟囱
4 室内配电装置楼
5 机力通风塔
6 控制室
7 办公楼入口

深圳前湾燃机发电厂

建设规模：一期3台M701F（390MW）型单轴燃气蒸汽联合循环机组

开工/竣工：2004.12/2006.12

设计单位：广东电力设计研究院

施工单位：广东电力第一工程局负责土建施工

广东火电安装公司负责安装

建设单位：广东粤电集团

1 远眺电厂全景
2 电厂远景
3 夜幕下的燃机电厂
4 燃机主厂房
5 电厂铭牌标识
6 电厂夜景

深圳前湾燃机电厂建筑设计充分考虑与环境相结合。厂区绿化景观设计围绕电厂文化的内涵，营造“五境”，即“品味高雅的文化环境，严谨开放的交流环境，催人奋进的工作环境，舒适宜人的休闲环境，和谐统一的生态环境”。

主厂房采用现代工业建筑的处理手法以简单的体型、洁净的实体，以大面积白色为主、配蓝色线条，烘托出广阔的大海和蓝天白云。

4

生产行政办公楼与主厂房既形成对比来反映出不同功能分区，又有所呼应；建筑外形构件集中有序，与厂房设备构件的自由分散形成对比；建筑的圆柱呼应工艺圆管和烟囱，建筑中部梯间的方尖塔式的造型呼应燃机余热锅炉。凸出墙面的柱子、飘板、窗套等采用白色，与灰白色墙面、蓝色屋檐形成对比；采用凸窗增大观景面，整体造型既变化又稳重。

深圳前湾LNG电厂总图上大部分厂房西南布置，而厂前建筑走向呈东西向，沿着海岛的海岸线布置采用曲线体型。将三个单体部分连成一体。厂前建筑的住宿部分和办公部分南北向布置，中间利用多功能厅和食堂连接。

5

6

1

2

3

深圳前湾LNG电厂厂前建筑三面环水，海景成为建筑设计的重要因素，其中：办公楼观海景面180°，食堂观海景面180°，宿舍观海景面约120°（东端套房270°）；厂区建筑中办公楼观景面120°，“办公-食堂-宿舍”三个单体既独立又联系，办公楼、宿舍可到达食堂屋面花园；人流组织沿“办公—食堂—宿舍”形成顺畅的路线，且互不干扰；食堂多功能厅的屋顶采用网架结构；抗震缝的处理与造型结合；办公楼、宿舍楼设屋顶花园及凉亭；地面布置自由式园林及停车位。

1 综合楼全景
2 综合楼
3 综合楼入口
4 办公楼
5 厂内绿化与水景
6 控制室

湖北华电武昌热电厂

建设规模：2X175MW级燃气—蒸汽联合循环供热机组

开工/竣工：2006.7/2009

设计单位：中南电力设计院

施工单位：中建三局三公司

建设单位：湖北华电武昌热电厂

1 电厂鸟瞰

2 主厂房

3 主厂房近景

4 流畅连续的曲线

3

本工程位于武汉市的东南方，濒临长江。处于武昌临江大道与武黄铁路线相夹之地，使厂区呈不规则的三角形。厂址西北方是临江大道，与汉口隔长江而望，东侧为武黄铁路线，西南为下新河路及技校和居民小区。

本工程力求从总体规划、环境空间、建筑造型、结构体系、材料选择等方面体现时代感，使之与周边环境相融，展示企业的形象。

全厂以主厂房为中心，以色彩处理，线条点缀统一全厂的建筑形象。以建筑形式，厂区绿化使整个厂区协调统一。以总体的完整，外表的简洁流畅与周边环境取得一致和谐。建筑色彩结合环境特点，与企业文化相结合，色彩为企业文化之基准色。

4

1 厂房屋顶局部
2 厂房细部
3 局部屋顶
4 标识细部

主厂房平面呈F型，汽机房与燃机房为直角布置，辅机间毗邻燃机房，平行于汽机房。锅炉位于汽机房和辅机间之间。汽机房平行于沿江大道，燃机房的进气口端正对长江。

主厂房屋顶采用曲线设计，流畅连续的曲线好似长江中的层层叠叠的波涛，锅炉前面的挡墙高耸，犹如一艘正在滚滚长江中乘风破浪的帆船；屋顶的前部镂空，曲线的屋面板挑出主厂房，将影响景观的进风口隐入其中，前面标有华电的企业标识，形成灰空间，既减小了噪声污染又丰富了沿岸面的轮廓线，改善了电厂整体造型，使之与长江两岸优美的景色有机地融为一体；锅炉临江面用实墙将其围护，不仅增加了立面的雕塑感，也以生态环境功能改进为前提，有效地解决了两大污染源——噪声污染和视觉污染对周边环境的影响；主厂房色彩以白色和蓝色调相搭配，局部采用企业标志，起到画龙点睛的效果。

3

4

江苏张家港燃气—联合循环发电厂

建设规模：2X395MW9F级单轴联合循环发电机组

开工/竣工：2004.5/2005.12

设计单位：江苏省电力设计院

施工单位：江苏省电力建设第一工程公司

建设单位：华兴电力有限公司

在主体建筑的设计上力求庄重而不失轻盈，气势与精致并存。在各功能区的结合部位辅以精致的建筑小品连接厂区，力求营造一个富有苏南特色，具有浓厚地域文化的城市电厂。

主厂房建筑外立面设计以灰白色为主，辅以天蓝色色带，设计在保持原有结构和形态的基础上，采用简练的手法进行装饰，运用不同颜色及材质的装饰材料丰富厂房的整体视觉效果。主厂房外墙主体采用灰白色压型钢板围护，局部镶嵌铝板和玻璃幕墙，通过材质及色彩间的对比使主厂房建筑在体现端庄厚重的同时显得活泼。全厂生产性建筑延续主厂房的设计风格，整个厂区整齐化一。

1

1 全厂沿湖景观

2 主厂房远景

3 综合办公楼

1

2

3

办公楼建筑三层，局部四层，内部分食堂及办公功能区，在立面和形体设计中力求简洁、亲切、合理。办公楼整体呈L形，围合出半开敞半封闭的广场空间，主体建筑体块中不同材质的组合搭配，透明界面和实体界面的过渡处理，既满足了使用功能又体现了不同空间特质。在建筑内部空间的处理上，借鉴了江南园林借景的艺术手法，在两个主要功能区餐厅及办公区的衔接上通过内部配景小品相互联系，互为对景，同时采用大面积的玻璃窗把室内的配景元素引向室外，模糊了室内外的空间界面，更加契合园林的设计手法。在厂前广场的设计上引入苏州园林中造景的主要元素太湖石，并辅以其他造景元素，使原本狭小的厂前广场显得细致、生动，同时作为过渡，更好地连接起整个厂区。

4

1 电厂“拙政园”——移步换景
2 电厂“拙政园”——南太湖石
3 电厂“拙政园”——曲径通幽
4 主厂房运转层
5 综合楼一角“对景”
6 综合楼内共享走廊
7 综合楼入口大厅

5

6

7

深圳东部燃机发电厂

建设规模：3X350MW级燃气蒸汽联合循环机组

开工/竣工：2004.1/2007.5

设计单位：华北电力设计院

施工单位：中国建筑第二工程局有限公司、广东火电工程公司

建设单位：深圳能源集团有限责任公司

1 主厂房
2 主厂房与办公楼连接的天桥
3 办公楼
4 综合楼
5 主控室室内
6 综合楼内庭园

深圳东部电厂位于深圳市东部大鹏镇金沙湾旅游风景区，在设计中力求电厂建筑与整个风景区融合，同时又体现电厂本身的特性。

在建筑处理手法上，考虑主厂房的体量比较大，建筑立面采用凹凸处理将整个厂房分割，形成块体的穿插组合，使建筑在体量上变得轻巧现代。采用顶部弧形的女儿墙，配现代化工业凸起的圆窗，圆窗构思来源于工业产品的连接件锣帽，锣帽都是圆的，凸起于连接物，一排小锣帽显示其工业品的精致，赋予建筑现代工业化气息。主厂房主色调选用灰白色，与当地建筑保持一致，配以海蓝色点缀，使建筑立面的凹凸感得到突出。在主厂房与办公楼之间天桥重复运用了圆窗，使全厂建筑物风格协调统一。

1

2

厂前建筑位于临海一侧，起到连接厂区与风景区的主导作用。为了使该部分建筑能够与周围环境协调统一，建筑处理尽量采用南方建筑的空间形式，多采取露天式或敞开式，使室内外空间相互融合贯通。在建筑体量处理上，结合当地风景区建筑且较低矮的特点，将生产办公和实验楼等大体量的建筑进行分解，使生产办公楼、实验楼及检修车间围合成 U 字形，通过分解划分多个不同的室外空间，使室外空间更加丰富多彩。

3

4

5

6

生活综合楼由三座小楼组合而成，小楼分别为6层、5层、3层，高低错落，并与食堂围合成内庭院，内庭院里结合当地的园林特点进行布置。

生活综合楼面向大海，每个房间都设计有露台，可以观望海景。

内蒙古苏里格供热调峰发电厂

建设规模：本期2X150MW级燃气—蒸汽联合循环发电机组

开工/竣工：2004.10/2006.8

设计单位：内蒙古电力勘测设计院

施工单位：内蒙古第三电力建设工程有限责任公司

建设单位：内蒙古苏里格燃气发电有限责任公司

1

1 主要入口道路
2 厂区入口大门
3 主厂房全景
4 厂前广场及办公楼
5 化学水车间
6 办公楼

2

3

4

5

6

本工程以简约大方为设计思路，稳重大气为设计理念。整个厂区充分考虑各建筑物空间序列的组合，以取得全厂良好的空间构成。单体建筑体型变化均以直角立方体为主，以少量的圆弧点缀为辅，抛弃多余的装饰，最大限度地追求功能和形式的统一。主体建筑既体现了寒冷地区建筑风格，又将蒙古包的民族风格元素融入厂房造型，较好体现了电厂与众不同的雄浑博大的力量感、稳重感以及现代感。

江苏淮安市楚州秸秆电厂

建设规模：2X12MW机组

开工/竣工：2006.10/2007.12

设计单位：江苏省电力设计院

施工单位：江苏省电力建设第一工程公司

建设单位：江苏国信集团

1 全厂效果图

2 电厂全景

3 秸秆仓库

4 主厂房运转层

5 控制室

全厂主要生产建筑主厂房和秸秆仓库的处理上契合秸秆发电变废为宝的环保理念，力求使两个大体量建筑给人以纯净、轻爽的气质。在外立面的设计上运用简练的手法进行处理，利用分隔缝在立面上划出竖向分隔，加强建筑的韵律。厂区内其他生产性建筑以灰白色为基调，立面同样用分隔缝分格处理，使得全厂建筑风格整齐划一。

厂前办公楼共四层，二至四层墙体出挑，丰富立面层次，同时辅以横向长窗，强化整体透视序列。主入口处圆柱形的玻璃体与规整的办公楼在材质和体量上形成鲜明对比，丰富视觉效果。内部开敞式走廊，使整体空间显得舒适通透。

1

2

3

4

5

1 电厂办公楼
2 办公楼入口大厅
3 办公楼内转角展厅
4 办公楼入口界面

江苏华电戚墅堰燃机发电厂

建设规模：2X390MW燃气-蒸汽联合循环机组

开工/竣工：2003.12/2005.12

设计单位：华东电力设计院

施工单位：江苏省电力建设第三工程公司

建设单位：江苏华电戚墅堰发电有限公司

办公楼平台处看燃机厂

电厂位于江苏常州。主厂房建筑物外立面设计以晨灰色为主，点缀以海蓝色色带，简洁大方中反映出工业建筑的特有风格。燃汽轮机主厂房外墙1m以下为砌体围护，外刷银灰色仿金属外墙涂料，1m以上为双层保温压型钢板墙板围护，局部采用玻璃幕墙。内墙板采用穿孔压型钢板，两层钢板之间为吸声纸和带铝箔的离心玻璃保温吸声棉，容重及厚度满足有关保温、吸声要求。全厂其他生产性建筑以灰色为基调，以灰蓝色为装饰色，并结合燃机工程一并进行外立面的修饰。

1

2

3

4

5

1 燃机主厂房
2 燃机主厂房及吸风口
3 厂区
4 化学水处理建筑
5 控制室
6 GIS及继电器楼
7 余热锅炉及烟囱

1 办公楼主入口
2 办公楼玻璃通廊
3 办公楼中庭
4 办公楼局部立面

办公楼位于燃机主厂房东北侧，与原有老办公楼之间有一片葱郁的绿化隔开，使新老办公楼互不干扰。主入口设在基地西南侧，与对面幽静的园林景致遥相呼应。内部停车位设置于办公楼地下层，方便车辆进出及停放。办公楼地上五层（局部六层），形体舒展，引入中庭式办公区的设计理念，通高五层的中庭玻璃覆顶，给整个办公区带来充足的光线和充裕的室内活动和休息场所。中庭种植景观树木，并以景观楼梯作对景，与楼外的庭园绿化进行自然的对话和呼应，给办公人员带来开阔的视野和愉悦的心情，体现了“舒适，以人为本”的设计理念。办公楼外立面采用铝塑复合板与玻璃幕墙相结合，圆弧形门厅与规整的办公楼形成对比，丰富视觉效果。简洁而又变化的建筑形态、丰富的质感、雅致的色彩，塑造了电厂办公楼新颖、现代的性格。

深圳南山垃圾焚烧发电厂

建筑规模：2X400T/D—12MW

开工/竣工：2002.10/2004.2

设计单位：华北电力设计院

施工单位：广东火电、中国华西企业有限公司

建设单位：深圳市能源环保有限公司

1 电站主厂房

2 主厂房一侧

3 电站尾部

4 垃圾卸料平台引桥

2

3

4

天津双港垃圾焚烧发电厂

开工/竣工：2003.4/2005.5

设计单位：华北电力设计院

施工单位：天津电力建设公司

建设单位：天津泰达环保有限公司

1 电站效果图
2 施工中的主厂房
3 主厂房一侧
4 卸料平台引桥

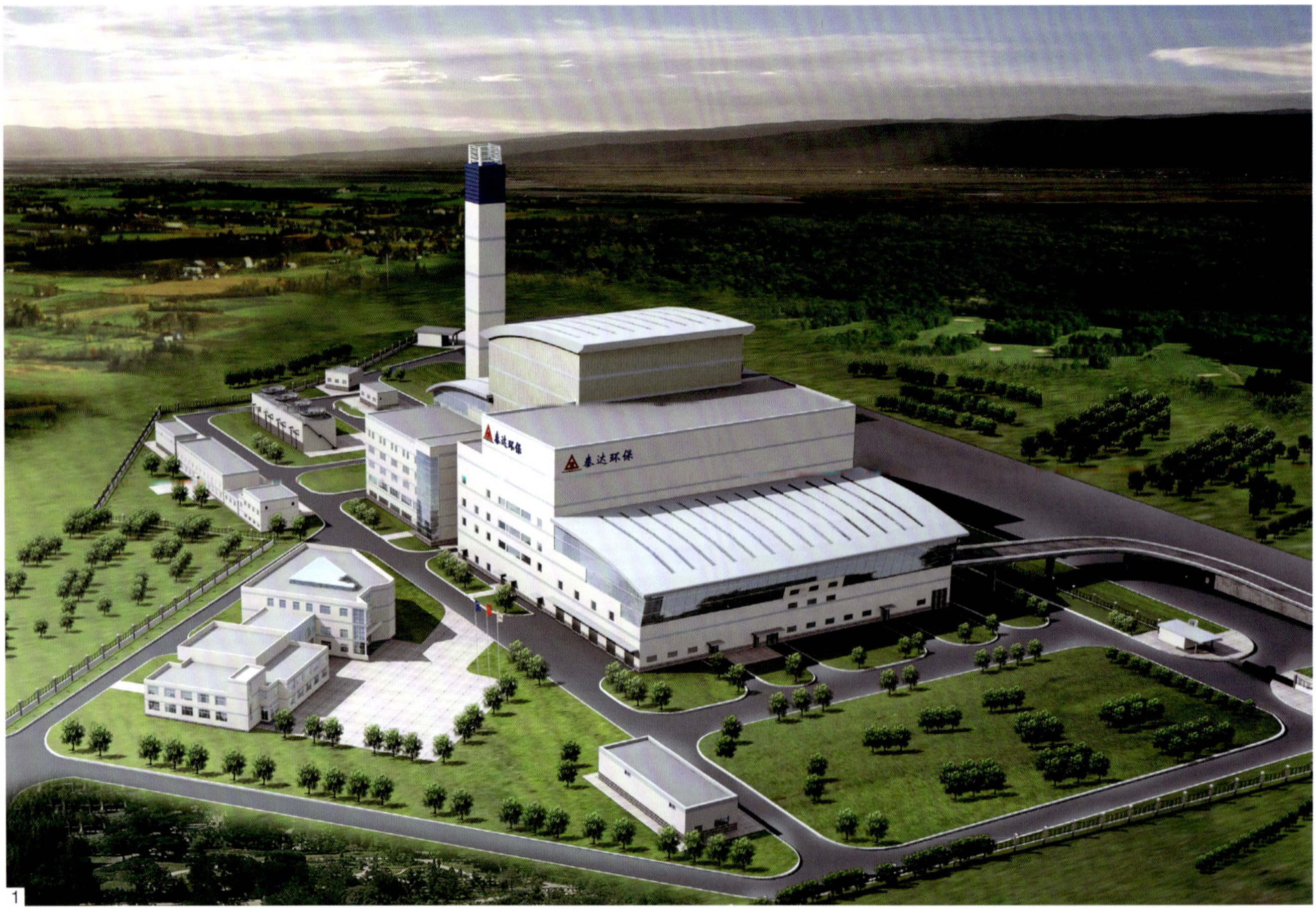

1

2

3

4

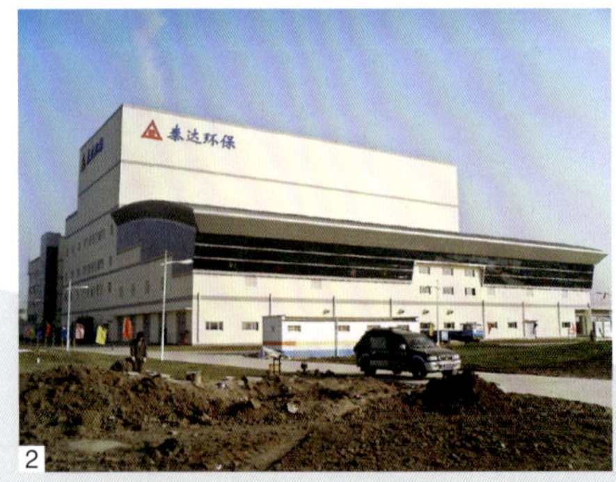

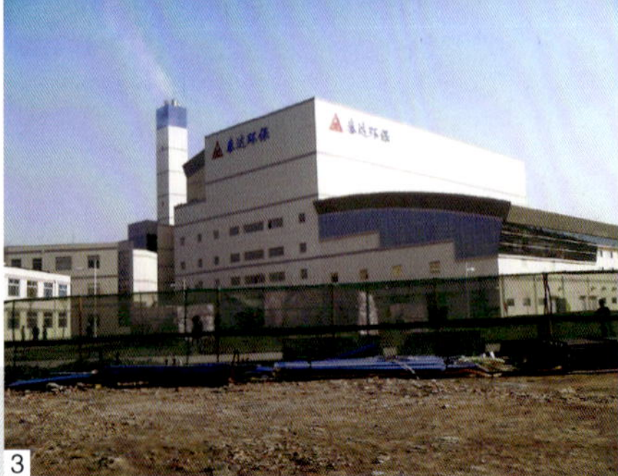

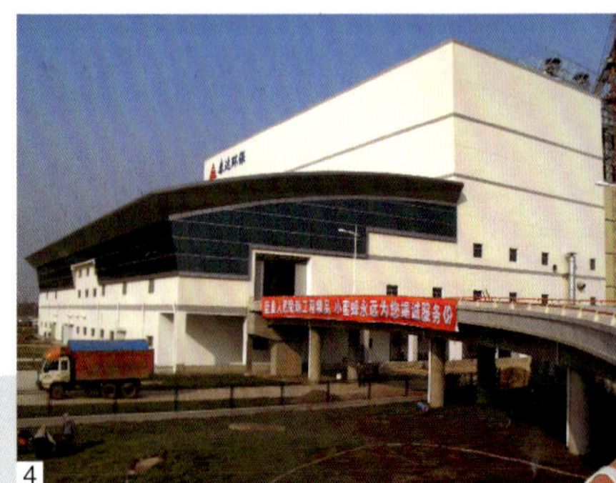

大庆瑞好风电场

开工/竣工：2007.7—2008.9

设计单位：黑龙江省电力勘察设计研究院

施工单位：黑龙江省第一工程安装公司

大庆瑞好风电综合办公楼整体采用中式建筑风格，在中国传统建筑元素中提炼出简约的符号，以现代的手法加以表现。

平面上借鉴了四合院形式，突出了“院子”的概念。利用庭院（虚空间）将生产分区与生活分区（实空间）分隔，再利用回廊连接。

立面追求色调的平和与建筑的含蓄。整体色彩以浅灰色为主，通过屋脊的错落显示空间层次感。

1 平面

2 风电场

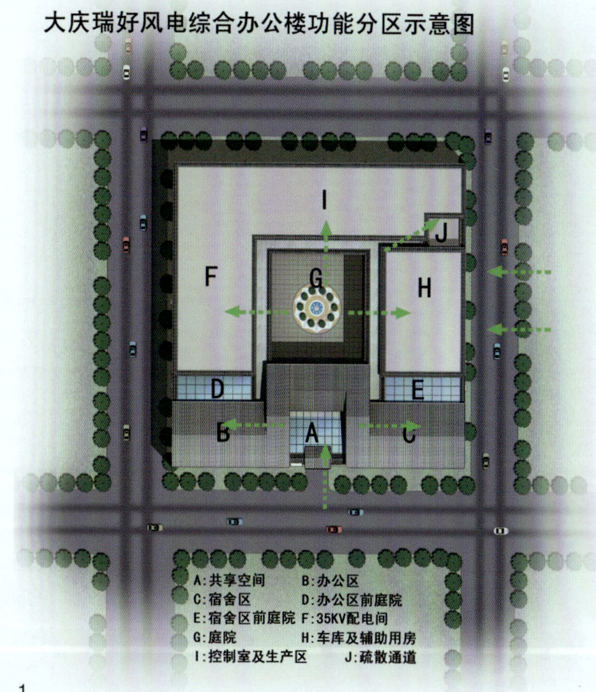

1

2

1

室内装修注重“静与净”的结合。室内空间以纯白为底色，加入中国传统建筑元素（花窗、栅格），充分利用装饰材料的质感与光影效果，营造出传统民族风格的建筑环境和人文环境。

1 内院景色
2 四合院天井
3 天井院内
4 局部天窗
5 院内一角
6 回廊

2

3  4  5  6

1 车库
2 控制室

黑龙江锦风风电场

设计单位：黑龙江省电力勘察设计研究院

1 风电控制室

2 风电场控制楼

山东莱州风电场

设计单位：山东电力工程咨询院

1

2

3

1 电场入口大门及控制楼
2 电场风机
3 风电控制楼方案

马鞍山龙源风电升压站

开工/竣工：2007.5/2007.10

设计单位：黑龙江省电力勘察设计研究院

1 升压站

2 升压站入口

内蒙古辉腾锡勒风电场

设计规模：一期100MW风电特许权项目工程

开工/竣工：2004.9/2005.12

设计单位：内蒙古电力勘测设计院

1 鸟瞰风电场

2 风电场实景

3 草原上的风机

承德风电场

设计单位：华北电力设计院

1 承德风电场
2 风电场风机
3 风电场中的蒙古包

西藏羊八井地热试验电厂

设计单位：西南电力设计院

1 地热电厂主厂房
2 地热电厂全景
3 地热电厂及管道

1 地热电厂边的青藏铁路

2 地热管道（从地热田到电厂）

3 地热喷泉

4 地热田

南昌市麦园垃圾填埋场沼气发电工程

苏州垃圾焚烧发电厂

深圳宝安垃圾焚烧发电厂

山东长岛风力发电场

核电

1

2

核电

1 大亚湾核电站全景照片
2 大亚湾核电站
3 岭澳核电一期远景
4 岭澳核电厂区

3

4

1998—2008

三　输变电工程

Architecture Collection of Power Projects in China

上海静安世博地下变电站

设计单位：华东电力设计院

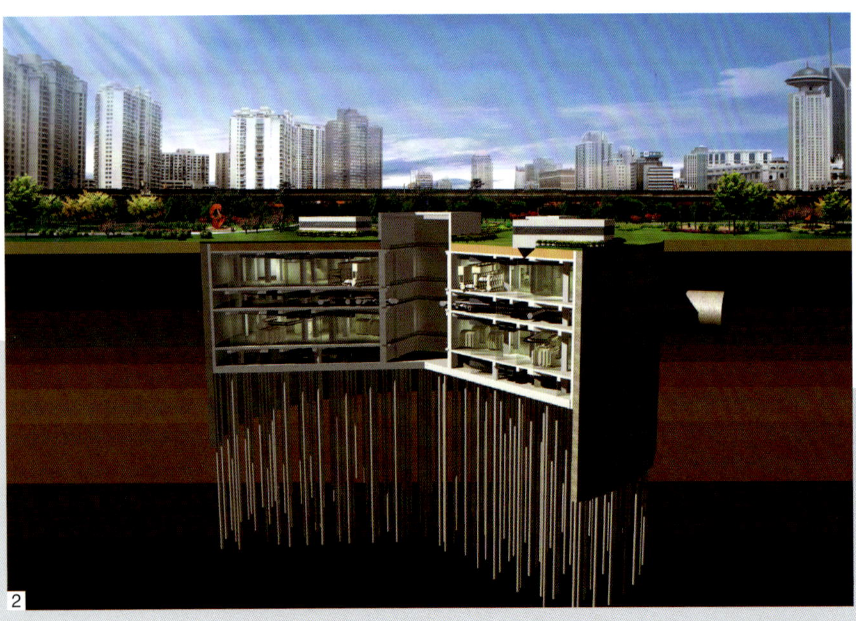

1 世博变电站地面入口外景
2 世博地下变电工程示意

1000kV荆门变电站

建设规模：1000kV出线回路数（1回；远期10回）

开工/竣工：2006.8/2008.12

设计单位：中南电力设计院

施工单位：湖北省输变电工程公司

山东送变电工程公司

建设单位：国家电网公司

1000kV荆门变电站建筑设计以功能为主，力求简洁适用。

主控通信楼的平面布局，将生产与生活分开布置，休息室自成一区，减少干扰；将动态功能的房间出口直接对外，充分考虑运行维护的方便。

建筑造型设计方面，将传统元素和现代元素有机结合，通过对檐口和女儿墙的处理以及横竖对比、虚实对比、凸凹对比，使得站内建筑具有现代建筑简洁、明快特点的同时，又体现出荆楚文化的神韵。

1 荆门变电站全景

2 变电站主控通信楼

3 荆门变电站1000kV构架

向家坝—上海示范工程复龙换流站

建设规模：±800kV特高压直流输电

开工时间：2007.1

设计单位：西南电力设计院

施工单位：四川电力送变电公司、吉林送变电公司、江西水电工程局、浙江二建建设集团

建设单位：国家电网公司

1 复龙换流站鸟瞰

2 复龙换流站阀厅

北京通州500kV变电站

建设规模：4X1200MVA

开工/竣工：2006.7/2007.1

设计单位：华北电力设计院

施工单位：河北省高碑店市建筑企业集团公司

建设单位：国家电网华北电网公司

1 通州500kV变电站

2 通州500kV变主控楼

3 通州500kV变电站通信控制楼

1

2

3

北京城北500kV变电站

建设规模：电压等级：500千伏 容量： 2X1200MVA

开工/竣工：2005.9/2006.6

设计单位：华北电力设计院

施工单位：河北省高碑店市建筑企业集团公司

建设单位：国家电网华北电网公司

1 北京城北500kV变电站全景

2 城北变区内小品

3 北京城北500kV变电站主控制楼

本工程为奥运辅助项目，位于北京市朝阳区，周围环境开阔。为与整体环境协调，全所建筑的色调采用银灰色、国网绿色加月白色的组合处理方式。

主控制楼建筑体型规整，主立面对称庄重，主入口凹入设计，突出了主入口。侧面构图规整，凹凸有序，色彩分明，主入口上方布置的国网公司企业标志体现建筑与企业文化的协调。

控制楼外墙采用银灰色复合铝板作为主色调，色彩和材质都具有工业建筑的时代气息，主入口用深绿色作为装饰色，月白色的窗框与银灰色相辉映，使建筑显得整洁。

湖北潜江500kV变电站

建设规模：变电容量为3X250MVA

开工/竣工：2003.11/2004.12

设计单位：东北电力设计院

施工单位：湖北省第五建筑工程公司

建设单位：国家电网公司

1 主控通信楼

2 站内全景

湖北省潜江变电站地处江南腹地，建筑设计以体现江南特色为主。主控通信楼L形布置使站前区形成了庭院式结构，周围的绿化点缀增添了建筑活力，南侧半圆形空廊，使建筑与园林景观融为一体。建筑直线、弧线的交错赋予建筑丰富的空间形态；建筑体量高低错落、虚实均衡赋予建筑对比特征；一层半圆形通透空廊赋予建筑借景的过渡空间；二层活动露台赋予建筑开阔视野、便于巡视；公司标识及绿色的窗框体现了企业特点。

山西省忻州500kV开关站

建设规模：电压等级为500kV

开工/竣工：2005.10/2006.9

设计单位：东北电力设计院

施工单位：山西省供电工程承装公司

建设单位：国家电网公司

1 开关站主控制室

2 开关站全景

建筑设计以功能分区合理、满足生产运行为主，追求造型简洁、大方实用、色彩淡雅柔和，并体现工业建筑清新明快、庄重严肃的特点。

广东省广南500kV变电站

建设规模：4X1000MVA

开工/竣工：2004.11/2006.11

设计单位：广东省电力设计研究院

施工单位：广东省输变电工程公司

建设单位：中国南方电网广东电网公司广州供电局

1 站内全景

2 站内近景

3 通讯楼

1

2

3

500kV广南变电站位于广州市郊，周围是鱼塘和耕地。站内主要建筑为主控通信楼、警传宿舍楼。所有建筑外墙采用陶瓷马赛克，以白色为主，局部为橙色和蓝色。主控通信楼和警传宿舍楼位于站前区内，均为两层建筑。主控通信楼立面主要采用凹凸对比手法进行处理，利用凹凸部分合理布置空调室外机搁置板，并采用铝合金百页遮挡装饰，使外立面整齐美观。为突出主控通信楼在整个变电站中的主导地位，通过室外疏散楼梯及屋面设置装饰架构，以增加竖向高度，使变电站的环境有了活泼轻盈的氛围，屋面架构在夏季起到遮阳作用，有效降低屋面温度。

1

福建东台500kV变电站

建设规模：本期建设规模为1组1000MVA主变

开工/竣工：2006.1/ 2007.4

设计单位：福建省电力勘测设计院

施工单位：福建省第二电力建设有限公司

建设单位：福建省电力有限公司

1 站内线路场地
2 站内绿地
3 站内防火墙

2

3

该变电站采用500kV出线6回，220kV出线9回，主变低压侧配置3组并联电抗器、2组并联电容器，是福建电网区域超高压枢纽变电站。

主控通信楼布置在站前区进站道路的东侧，为两层建筑。设计充分利用入口门厅、楼梯间、飘窗、外挑平台等建筑构件进行立面构图，通过墙面的凹凸对比，实墙与栏杆、玻璃钢构雨篷等的虚实以及利用屋面构件造型，使主控通信楼这一小体量建筑显得生机勃勃，富于变化。

站区建筑采用浅灰色为基调，与站区错落有致的电气设备及构、支架融为一体，深灰和绿灰两种搭配色彩与浅灰色形成和谐的效果。

4 建筑细部一
5 控制室室内
6 建筑细部二
7 建筑细部三
8 控制楼
9 东台变全景

青海西宁变电站

建设规模：750kV/330kV变电站

开工/竣工：2006.10/2008.8

设计单位：西北电力设计院

施工单位：青海省送变电公司

建设单位：青海省电力公司

1

主控制楼建筑外墙面采用大面积灰色花岗岩，配白色线框，具有工业建筑的简洁特点。

2

1 控制楼方案一

2 控制楼方案二

3 控制楼外景

3

河南南阳西500kV变电站

建设规模：500kV变电站

开工/竣工：2006.8/2007.6

设计单位：河南省电力勘测设计院

施工单位：河南省第三建筑工程公司

　　　　　河南省第一火电建设公司

建设单位：河南省电网建设公司

1 站内纪事标志
2 站内纪实标志
3 控制楼内部空间
4 控制楼一侧

主控制楼各功能分区围绕采光中庭布置，阳光透过中庭采光天窗洒落精致楼梯周围的“室内花园”。灵活新颖的平面布置、丰富的建筑空间，体现以人为本、自然和谐的设计思想。整个平面功能分区明确、布局合理，建筑造型严谨、庄重大方，立面线条流畅，虚实对比强烈，展示出现代工业建筑的气息。利用出挑的巡视平台、遮阳、雨篷、门窗洞口等建筑元素，通过精心设计的细部处理，增加了建筑层次，丰富了立面效果。

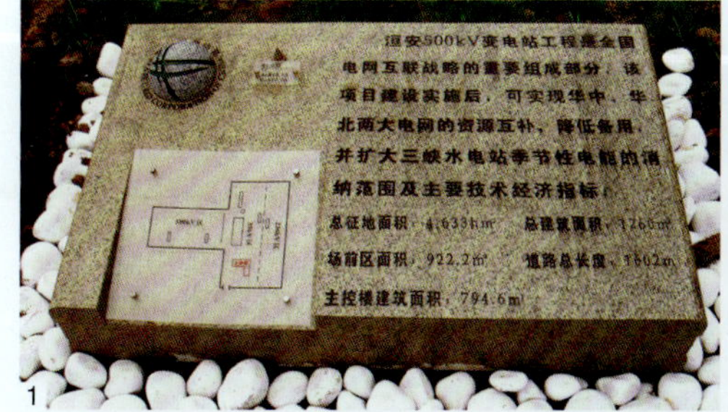

1

2

3

4

兴仁±500kV换流站

建设规模：直流输送功率 双极，±500kV，3000MW

开工/竣工：2005.6/2007.12

设计单位：中南电力设计院

施工单位：广东南兴建筑工程有限公司、贵州输变电公司

建设单位：中国南方电网公司

1 换流站站前区综合楼

2 ±500kV兴仁换流站直流开关场

3 换流阀厅

1

2

3

主控楼采取六面体电磁屏蔽措施、不受外界电磁波的干扰；

主控制室布置在主控楼的三楼，通过退台处理形成一个较大的室外观察平台，既便于运行人员巡视观察、又具有良好的自然采光和通风；

综合楼建筑造型采用现代流行元素（如弧形、圆柱形、矩形等）进行体块组合，既富于变化、又和谐统一，体现流畅的韵律感和强烈的时代气息，成为换流站的“靓点”。

湖北省500kV水布垭开关站

建设规模：500kV出线回路数（9回）

开工/竣工：2006.4/2007.5

设计单位：中南电力设计院

施工单位：湖北省输变电工程公司、江西省水电工程局

建设单位：华中电网公司

1 开关站全景照片
2 开关站高压电抗器
3 开关站主控通信楼
4 开关站配电装置区

主控通信楼建筑设计有机融合控制、通信、办公、生活等多种功能于一体，在满足工艺布置要求的同时，体现了“人性化”、“绿色建筑”的设计思想；将主控制室布置在主控通信楼二层的最佳视角位置，便于运行人员对户外配电装置区域进行观察；建筑造型采用对称式建筑构图方式，通过横竖对比、虚实对比、凸凹对比丰富建筑立面；建筑色彩通过国网绿、灰白色等进行色彩组合，体现国家电网公司的企业文化内涵，具有较好的色彩效果。

1

2

3

4

天津航空港220kV变电站

建设规模：电压等级：220kV

容　　量：4X180MVA

开工/竣工：2004.11/2006.11

设计单位：华北电力设计院

施工单位：天津送变电建筑公司

建设单位：天津电力公司

1 航空220kV变电站-1
2 变电站立面
3 楼梯间顶棚
4 屋顶光影

航空港220kV变电站位于天津市东丽区，两层的变电楼是站内仅有的一座建筑物，变电楼平面呈矩形，建筑外形简洁优雅，突出工业性特征。外墙采用防水弹性涂料，以线路架构铁塔色——浅灰色为主，局部采用国网公司Logo色——深绿色，立面采用独特的建筑元素，具有韵律感的开口，凹进的窗子，增加了立面层次，创造了丰富的光影变化，丰富了立面色彩；屋面条形饰架与建筑上空有序排列的输电线相呼应，通透楼梯间将外部环境景观引入室内空间，达到变电楼建筑的功能性与建筑设计的艺术性相结合。

1

2

3

4

1

天津春华路220kV变电站

建设规模：容量：4X180MVA

开工/竣工：2007.1 /2007.8

设计单位：华北电力设计院

施工单位：天津送变电工程公司

建设单位：天津电力公司

1 春华变全站图
2 春华变近景
3 春华路变电站控制楼

2

3

天津春华路220kV变电站位于滨海开发区（西区）。站内建筑仅有一座变电楼，四周是通透的铁艺围栏。本建筑为钢筋混凝土框架结构，建筑外墙采用防水涂料，以乳白色为主，局部色带、点缀为深绿色。建筑造型与色彩的主题是简洁、洁净，造型以突出工业建筑的体量美为主，建筑的立面颜色搭配合理提高了变电站建筑的丰富性。

郑州凤凰220kV伏变电站

电压等级：220kV

开工/竣工：2004.4/2005.6

设计单位：河南省电力勘测设计院

施工单位：河南省第二建筑工程公司

建设单位：河南省电力建设总公司

1 过街楼

2 连接天桥

3 变电站一角

4 沿街效果

变电站位于城市CBD中心东侧，玉凤路与西沈街交叉口东南角，地处城市较为繁华的地段，南面紧邻城市高档住宅社区，与城市干道金水路仅一路之隔，属于典型的城市变电站。

变电站设计与城市环境紧密契合，在满足其使用功能的前提下尽可能不给周边生活的市民带来不良影响，同时使其自身成为良好市容市貌的一部分。同时，变电站所处城市地理位置寸土寸金，压缩建筑面积，节省建筑占地，对工程造价的影响显著。

建筑布局力求紧凑的前提下，建筑物的隔声降噪和形象设计是建筑设计的两大主题。通过对变压器室墙体处理，大大提高了其隔声降噪的性能，使变电站的正常运行不影响周边市民的起居生活。同时，在建筑风格上，注重与城市环境的协调，弧形屋顶、桁架天桥、铝合金装饰条窗等许多现代的建筑元素被吸纳，体现出现代工业建筑简洁、开朗、与时俱进的建筑性格。

3

4

江阴500kV长江大跨越

开工/竣工：2000.12/2004.7

设计单位：华东电力设计院

施工单位：江苏送变电公司

建设单位：江苏省电力公司

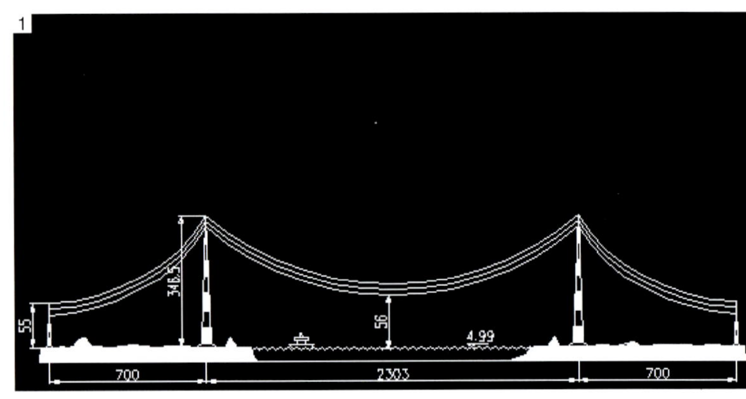

江阴500kV大跨越工程位于江阴长江大桥上游22公里处，毗邻利港电厂。

江阴大跨越铁塔全高346.5m，呼称高302m，塔基根开68m，塔顶宽8m，设有3个变坡段，其中高度120m变坡处宽30m。

1 跨越长江简图
2 隔江远眺高塔
3 高塔全景
4 跨越长江的高塔
5 施工吊装
6 塔身局部
7 安装架线
8 塔腿安装

4

5

6

7

8

舟山螺头水道220kV大跨越

开工/竣工：2007.9/2009.8

设计单位：浙江省电力设计院

施工单位：浙江省送变电公司

建设单位：浙江省舟山电力局

舟山与大陆联网工程的重中之重为螺头水道大跨越工程，螺头水道大跨越北起舟山市大猫山岛，南至宁波市外峙岛，全长6215m。主跨跨越国际航道~螺头水道，各档跨距依次为992–2756–1286–1181m。三基高塔分别位于舟山的大猫山上，宁波的凉帽山上，和外神马岛东侧约450m的海面上。大猫山和凉帽山上跨越塔全高368m，海上跨越塔位于凉帽山跨越塔南侧1286m处的海中，距离外神马岛约450m，跨越塔全高约199m。

舟山与大陆联网输电线路工程由220kV定海变通过新建2回线路接入500kV甬东变，其具体路径见下图。

1

1 工程路径示意图

2 螺头水道大跨越断面示意图

3 建设中的高塔

4 土管混凝土浇灌

5 安装中的塔身

6 海中铁塔基础

7 大猫山高塔

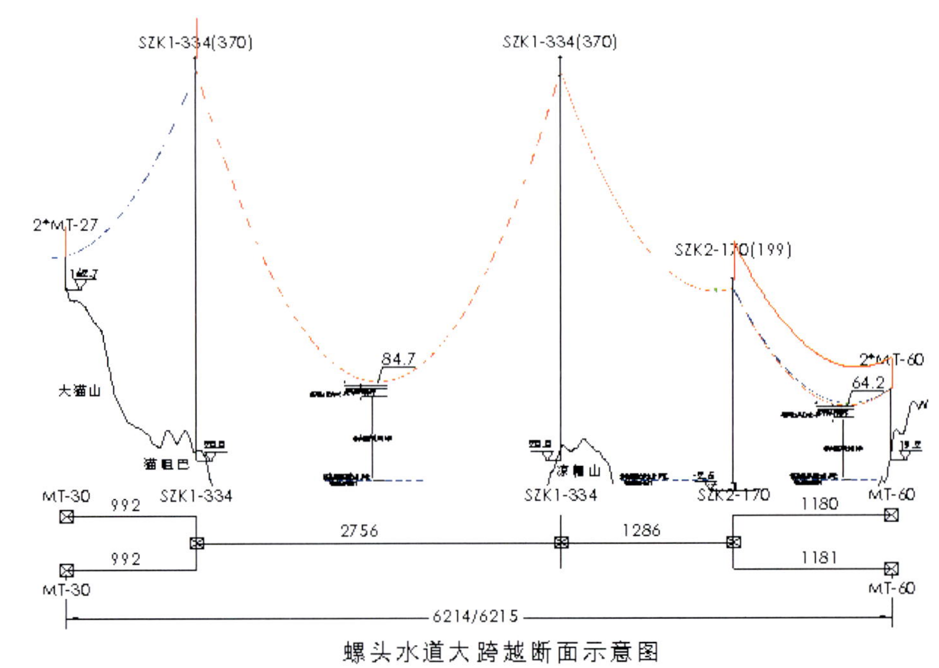

螺头水道大跨越断面示意图

2

3

4

5

6

7

国家电网公司特高压直流试验基地

建设规模：电压等级：±800kV—±1200kV

开工/竣工：2007.2/2008.10

设计单位：华北电力设计院

施工单位：安徽送变电公司

建设单位：国家电网公司、中国电力科学研究院

1

华北特高压直流试验基地工程位于北京市昌平科技园区，是我国进行±800kV直流输电关键技术研究的特高压直流试验基地。

该基地具有世界最长的同塔双回直流试验线段，世界最高电压等级试验线段（可升压至±1200kV），世界最大的悬链形两厢式直流电晕笼。试验线段门型直线塔活动横梁垂直、水平方向自动控制、悬吊式大直径管母线的应用、使用4联X530kN最大吨位合成绝缘子等均属国内首例。

2

门型直线塔总高88m，宽80m，设有连接两侧立柱的固定横梁和两层各60m长活动横梁，采用全螺栓连接角钢结构，两侧立柱设有通顶爬梯，并有安全防护装置。两层活动横梁通过连接在两侧架构主柱上的导轨和悬挂在活动横梁下平面的拖动滑车装置，使线段试验导线上下、左右可调。电晕笼主体结构为空心的长方体结构，断面为正方形，总长度70m，宽度22m，外观是沿长度方向与导线弧垂一致的悬链形式，长度方向上的两个端面敞开，试验导线通过这两个端面穿过电晕笼，笼体为内外两层，内层测量网负责测量工作，外层屏蔽网起到对外界干扰的屏蔽作用，内层和外层之间用绝缘子保持绝缘，电晕笼具备模拟降雨系统和模拟降雾系统的功能，雨强范围从毛毛雨到大雨。在电晕笼导线位置下方设有储水设施，可将废水用于植物灌溉。

3

4

1 特高压±800kV悬链线型两厢式电晕笼和锚塔
2 特高压±800kV直流试验线段
3 特高压直流同塔双回试验线段铁塔
4 特高压直流试验线段同塔双回门型直线塔

江苏特高压试验大厅

建设规模：1000kV特高压
开工/竣工：2007.10/2008.10
设计单位：江苏省电力设计院
施工单位：中建八局
建设单位：江苏省电力科学院

特高压试验大厅为江苏省电力科学院1000kV特高压检测试验基地。主体为单层建筑，高37m。内部试验大厅长57m，宽36m，高32.5m，大厅内部做六面电磁屏蔽围护，屏蔽效能最薄弱处大于70dB，具有国际先进水平。主体建筑两侧各设一座辅楼，内设特高压试验小厅，与主体建筑一起围合出半开敞、半封闭的广场空间，增强了空间的指向性、引导性。

建筑主体采用灰白色铝板幕墙，其间辅以横向玻璃装饰条，使整体立面富有韵律。在建筑转角四周用通高镜面玻璃幕墙，勾勒出转角线条，同时通过色彩的深与浅、材质的实与透，加强了建筑整体韵律。建筑顶部处理，采用轻钢屋顶，使建筑展现出轻快的特质。

1 试验大厅工程楼
2 大厅室内设施

1000kV晋东南-南阳-荆门交流特高压试验示范工程

建设规模：1000kV 交流输电线路

开工/竣工：2006.10/2008.12

设计单位：华北电力设计院

施工单位：东北送变电公司、山西送变电公司等

建设单位：国家电网公司

1 荆门1000kV线路工程分体转角塔

2 1000kV线路猫头塔

3 荆门1000kV线路门型塔

4 晋东南特高压变电站主控楼及综合楼

1

2

3

晋东南—南阳—荆门1000kV交流输电线路工程是我国建设的第一条特高压交流试验示范工程，线路全长640km，共采用46种铁塔型式，全部为新设计的塔型。

电压等级由500kV升到1000kV后，输电线路铁塔的尺寸及荷载都发生了很大变化，塔型设计在满足“资源节约，环境友好”的电网建设原则下，做到美观合理，其中的酒杯型直线塔、门型直线塔及分体转角塔等均取得了设计专利。

4

500kV紧凑型输电线路

1）昌平—房山500kV紧凑型输电线路工程

建设规模：电压等级：500kV

开工/竣工：1997.5/1999.11

设计单位：华北电力设计院

施工单位：北京送变电公司

建设单位：华北电网公司

2）政平—宜兴500kV双回紧凑型输电线路工程

开工/竣工：2002.9/2004.4

设计单位：华北电力设计院

施工单位：江苏送变电公司、吉林省送变电公司

建设单位：国家电网公司

昌平—房山500kV紧凑型输电线路工程是我国第一条单回紧凑型线路工程，线路全长85.0km，政平—宜兴500kV同塔双回紧凑型输电线路工程是我国第一条同塔双回紧凑型线路工程，线路全长2X43.1km。

紧凑型塔型设计采用了全新设计理念，导线结构紧凑，塔型外观创新，有效降低了塔高，提高了线路的耐雷水平，节约了线路走廊，提高单位走廊自然输送功率，降低了工程造价，提高了线路长期运行的安全可靠度，具有显著的经济效益和社会效益。

1 单回路500kV紧凑型直线塔头

2 双回紧凑型线路政宜线直线塔

高原输变电线路

设计单位：青海省电力设计院

青藏铁路II期110kV输变电工程

管桩基础中采用了低温热管的一种新的应用形式—热棒

成功地在多年冻土地区输电线路中应用了高强钢钢管塔

李家峡水电厂330kV第五回出线

充分利用地形，采用高低基础与铁塔长短腿相结合的铁塔

1998—2008

四　特种构筑物

Architecture Collection of Power Projects in China

三河电厂“烟塔合一”

1 脱硫吸收塔
2 二期炉脱硫后烟气直接进入冷却塔
3 脱硫吸收塔及排烟塔
4 脱硫吸收塔全景

三河电厂二期工程采用排烟冷却塔（烟塔合一），将烟囱与冷却塔、引风机与增压风机合二为一，脱硫烟气系统不设置烟气旁路烟道，取消GGH，烟气系统呈通贯式。

二期工程2X300MW机组为国内首家自主实施烟塔合一。

3

4

宁海电厂圆煤仓和多管烟囱

宁海电厂烟囱在常规圆形烟囱的基础上，根据烟囱设计规范，在设置高强闪光障碍灯的前提下，可以不按常规设色标漆（橙白或红白相间），由此对烟囱的外涂色彩进行了优化设计，最后选定与整个厂区环境融合的蓝色系，包括两种不同明度的蓝色，色带以渐变宽度的形式布置在烟囱上部，底色为浅白色，完成后的效果较好。

宁海电厂煤仓全景

1 宁海电厂圆形煤仓
2 宁海电厂烟囱及尾部

后石电厂圆煤仓

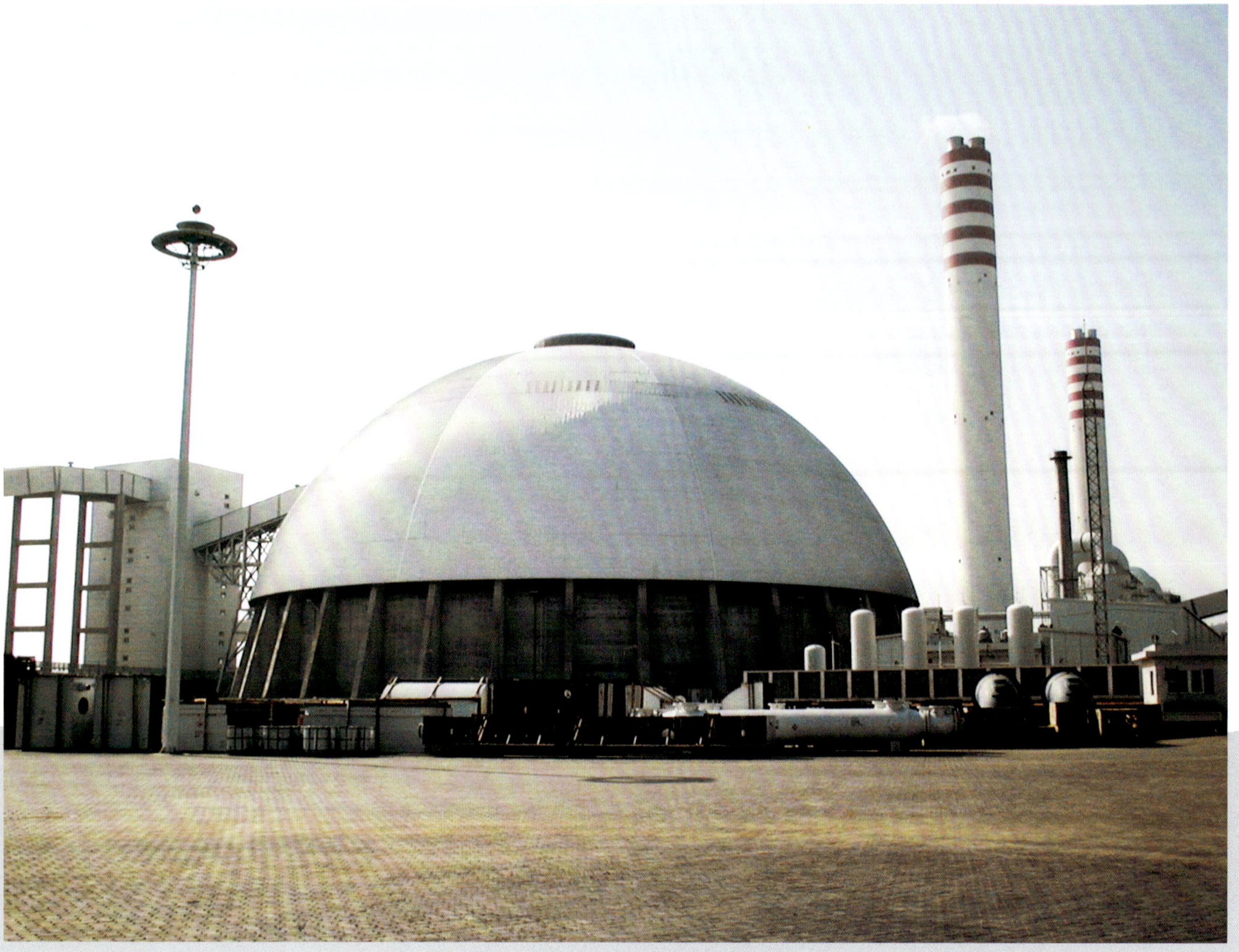

后石电厂圆煤场

金竹山电厂干煤棚

金竹山电厂煤棚构筑色装饰与周围环境相协调，形成了独特的建筑风格。

1 金竹山干煤棚远景
2 金竹山干煤棚端部
3 干煤棚建设中
4 金竹山干煤棚施工过程中

特种构筑物

华北电网电力调度中心微波塔

调度中心通信楼由于建筑场地狭小，采用塔楼合一，楼上建塔。楼体九层，楼顶建设微波塔，微波塔设置三层平台，安装十副抛物面天线，天线最大挂高100m，天线直径Φ3.2m~4m，塔顶高117.0m。

微波塔由塔座、塔身、塔头和塔尖组成。塔身包括塔筒和预应力拉索，塔筒由20根Φ273-8钢管混凝土组成Φ2300圆筒型截面，筒身全长64.3m，分16段采用法兰盘对接，筒内设置螺旋楼梯。40根预应力钢索分成20对，斜交形成网状结构。拉索分上下两段组成，分别在上下两端张拉，上段拉索每根采用5束7Φ4镀锌钢绞线，下段拉索每根采用10束7Φ4镀锌钢绞线。

1 微波塔局部
2 塔身细部
3 微波塔夜景

1

2

3

阳城电厂间接空冷塔

冷却塔高度：150m

底部直径：120m

散热器高度：26m

通风筒最小壁厚：0.18m

阳城电厂二期工程是国内第一次采用600MW级间接空冷方式的电厂。电厂塔筒表面设有竖肋，其竖肋不仅降低了涡流风压，而且凸显出钢筋混凝土塔筒刚劲流畅、挺拔有力的形象。

塔身细部

间接空冷塔

玉环电厂输煤栈桥

1

2

3

1 玉环电厂栈桥远眺
2 栈桥局部
3 玉环电厂栈桥

1 黄金阜电厂冷却塔
2 澧泾电厂240m烟囱
3 澧泾电厂烟囱全景
4 金陵电厂240m钢管烟囱
5 建设中的金陵电厂烟囱

1

2

3

4

5

1

1 庄河电厂海上输煤栈桥
2 南浦电厂除灰管道

特种构筑物